바다의 맥박
조석 이야기

바다의 맥박 조석 이야기

_조석으로 읽는 바닷가 풍경

초판 1쇄 발행 2008년 12월 31일
초판 3쇄 발행 2016년 9월 29일

지은이 이상룡, 이석
펴낸이 이원중

펴낸곳 지성사 출판등록일 1993년 12월 9일 등록번호 제10-916호
주소 (03408) 서울시 은평구 진흥로1길 4(역촌동 42-13) 2층
전화 (02) 335-5494 팩스 (02) 335-5496
홈페이지 지성사.한국 | www.jisungsa.co.kr 이메일 jisungsa@hanmail.net

ISBN 978-89-7889-190-5 (04400)
ISBN 978-89-7889-168-4 (세트)

잘못된 책은 바꾸어드립니다. 책값은 뒤표지에 있습니다.

이 도서의 국립중앙도서관 출판시도서목록(CIP)은 e-CIP 홈페이지(http://www.nl.go.kr/ecip)
에서 이용하실 수 있습니다. (CIP제어번호: CIP2009000180)

바다의 맥박
조석 이야기

조석으로 읽는 바닷가 풍경

이상룡 · 이석

지음

아주 오래 전부터 바다에 기대어 살았던 사람들은 조석현상을 잘 알고 있었을 것이다. 조석을 이용해서 배를 띄우고, 먹을거리를 얻고, 꿈을 키워 왔다. 하물며 바닷가에 사는 작은 생물들도 본능적으로 조류에 맞추어 이동을 하며 알을 낳고 살아간다. 서해안이나 남해안의 썰물 동안 갯벌에서 여가를 즐기는 것만이 우리가 조석을 이용하고 있는 전부가 아니다. 우리가 잘 느끼지 못하지만 일상생활의 많은 것들이 조석과 관련되어 있다. 아무 관련도 없을 것 같은 높은 산의 등고선조차 바다의 조석에서부터 그려진 것이다.

이제 조석은 미래의 무한한 에너지원으로 인식되고 있다. 또한 마치 우리 몸의 맥박처럼 고동치며 바다를 건강하게 유지하는 원천으로 이해되고 있다. 오랜 동안의 관찰과 연구가 이런 인식의 변화를 가져왔다.

해양과학의 다른 분야에 비해 조석에 대해서는 잘 알고 있다고 생각하지만, 틀린 개념들을 정설로 믿고 있는 경우도 많다. 아직도 조석에 대한 일반적인 이해가 충분하지 않기 때문이다.

이 책은 '썰물 때에 없어진 바닷물은 어디로 간 거예요?'라는 초등학생의 질문에 대한 대답에서부터 시작한다. 천체의 운동과 수학을 바탕으로 한 기본적인 조석이론을 그림 등을 이용해 이해하기 쉽게 설명하려 애썼다. 이제는 여러분 스스로 차근차근 그 답을 찾아가길 바란다.

저자들에게 이 책을 쓰도록 동기를 제공하는 질문을 던져 준 정우와 신우, 삽화 제작을 도와주신 한국해양연구원 송규민 연구원을 비롯해 도움 주신 많은 분들께 감사의 마음을 전한다.

2008년 12월

이상룡, 이석

서해바다로

　버스에 올라탄 정우는 마음이 들떠 있습니다. 여름방학을 맞아서 동생과 함께 외갓집에 놀러가는 길이기 때문입니다. 학교에서 역사를 가르치시다 얼마 전 퇴직하신 외할아버지가 도시를 떠나 고향인 서해 바닷가로 이사를 하셨는데, 학교를 다니느라 아직 찾아뵙지를 못하고 있었습니다. 이참에 할아버지도 뵙고, 초등학교 3학년인 네 살 아래 동생 신우와 바닷가에서 재미있는 놀이도 하며 오랫동안 기억에 남을 추억을 만들자고 약속도 했습니다.

　대학원에서 해양학을 공부하는 이모가 함께해서 기분이 더욱 좋습니다. 이모는 무엇을 물어보든 친절하고 쉽게 잘 가르쳐 주어 늘 든든합니다. 이모의 전공과 관련 있는 바닷가 여행이라 유익하고 재미있을 것 같아 기대가 큽니다. 지난여름에는 가족들이 동해 바닷가로 해수욕을 가서 모래성도 쌓고 물장구도 치며 즐겁게 놀았는데 오래 머물 수 없어서 아쉬웠던 기억이 있습니다. 이번 여행은 좀 길었으면 하는 마음입니다.

몇 시간의 버스여행 끝에 오후 늦게 외갓집에 도착했습니다. 외갓집이 있는 곳은 산과 바다가 만나는 작은 마을입니다. 버스정거장까지 마중 나오신 외할아버지를 따라 천천히 마을을 구경하며 외갓집으로 향했습니다. 오후 4시밖에 안 되었는데 부두에는 벌써 바다에서 잡아온 물고기들을 내리느라 매우 분주한 모습들입니다. 부두 옆 식당의 어항에는 어른들 팔뚝만한 가지각색의 물고기들이 가득하고, 그 옆 함지박에는 소라며 조개들이 가득가득 담겨져 있습니다. 신우는 책이나 텔레비전에서만 보던 바다생물들을 직접 만져 볼 수 있다며 신이 나서 팔짝팔짝 뛰었습니다. 정우도 지난여름 동해에서 봤던 것과는 조금 다른 바다 모습이 신기했습니다. 특히 해질녘 노을은 너무나 곱고 예뻤습니다.

외할머니가 준비하신 저녁상은 말 그대로 바다를 옮겨 놓은 것 같습니다. 생선과 해조로 풍성합니다. 생선 구이와 조림은 정말 맛이 있었는데, 해조 무침은 난생 처음 먹어보는 것이라 그런지 어쩐지 익숙하지 않았습니다. 신우는 더 먹고 싶어 하지 않았지만 정우는 외할머니의 정성을 생각해 여러 번 집어 먹었습니다. 처음에는 약간 비린 듯한 맛이 느껴지는데 자꾸 먹으니 새콤달콤한 것이 맛있어졌습니다.

저녁을 먹고 외할아버지 주변에 둘러앉아 할아버지 어렸을 때의 이야기를 들었습니다. 할아버지가 어렸을 적 갯벌에서 게를 잡고 조개를 캐던 이야기며, 바닷가에서 물을 막아 고기를 잡던 이야기들은 들으면서는 너무 재미있어서 다음날 신우랑 꼭 해봐야겠다고 생각했습니다. 외할아버지께서 할아버지의 할아버지께 들으셨다는 이야기들은 믿기 어려울 정도로 신기한 이야기들뿐이었습니다.

외할아버지는 끝으로 바다는 항상 풍성해서 많은 것을 사람들에게 베풀어 주지만 한 번씩 몹시 거칠어져 위험할 수 있다는 말씀도 하셨습니다. 할아버지 말씀을 완전히 이해할 수는 없었지만, 이곳에 있는 동안 바다에 관해 많은 이야기를 듣고 보고 이해하도록 부지런히 돌아다녀야겠다고 마음먹었습니다.

바닷물은 어디로 갔나요?

없어진 바닷물

아침을 먹자마자 바다를 구경하겠다고 나갔던 신우가 고함을 지르며 달려들어 왔습니다.

"형, 밖에 좀 나가 봐! 바닷물이 전부 없어졌어."

무슨 말인가 의아해 하며 바다로 나가 보았습니다. 정말로 바닷물이 싹 밀려나가고 갯벌이 끝없이 펼쳐져 있었습니다.

"신우야, 이건 지금이 썰물이라서 그런 거야. 썰물 때는 바닷물이 밀려 나가지만 밀물 때가 되면 바닷물은 다시 밀려올 거야."

신우는 온갖 궁금증이 발동 했는지 쉬지 않고 물었습니다.

11

△ 왼쪽 바닷물이 밀려들어온 고조 때의 갯벌, 오른쪽 바닷물이 밀려나간 간조 때의
갯벌

"썰물이라고. 그러면 어제 여기까지 찼던 바닷물은 다
어디로 간 거야? 그냥 없어진 거야?"

정우도 그것까지는 알 수 없어 우물쭈물 하고 있는데,
언제 따라 나오셨는지 이모가 무척 재미있어 하는 표정으
로 말을 걸었습니다.

"너희들, 조석에 대한 이야기를 하고 있구나."

"조석이요?"

신우가 눈을 똥그랗게 뜨며 이모에게 물었습니다.

"그래, 조석. 정우는 조석이 아주 긴 파도 또는 물결이
라는 것을 알고 있겠지?"

당황한 정우는 바로 대답할 수가 없었습니다.

"글쎄요, 보통 파도가 치는 건 눈으로 바로 볼 수 있는데 지금은 바닷물도 없고 파도를 볼 수도 없는 걸요."

"그래서 내가 아주 긴 파도라고 말한 거야. 바닷가 백사장으로 파도가 한번 밀려왔다가 나가고 다시 파도가 밀려올 때까지 시간이 얼마나 걸릴까?"

"……"

"그때그때 다르겠지만 대개는 몇 초에서 몇 십 초 정도의 시간이 걸려."

이모는 나뭇가지를 하나 주워 땅바닥에 그림을 그리며 말을 이어 나갔습니다.

"여기 그림에서 파도가 칠 때 높은 지점을 물마루라고 하는 거야. 바로 물마루와 물마루 사이가 파도이고, 물마

△ 파도의 주기

루 하나가 밀려가고 그 다음 물마루가 올 때까지의 시간은 파도의 주기가 되지. 그런데 바닷가에서 밀물과 썰물 때문에 물이 가득 찼다가 빠지고 다시 차는 시간은 몇 시간 이상이 되거든. 그래서 짧게 왔다가는 파도는 우리가 보고 느낄 수 있지만, 아주 천천히 움직이는 조석은 바로 느낄 수 없는 거야. 하지만 하루 정도의 긴 시간 동안 바다를 바라보며 서 있으면 조석도 보고 느낄 수 있어."

"맞아요. 어제 오후, 우리가 여기에 도착했을 때는 바닷물이 차 있었는데 오늘 아침에는 싹 빠져 나가서 바다의 모습이 다르잖아요."

"그래, 바로 그거야. 어제 오후와 오늘 아침의 바다가 달라진 것을 우리가 느끼고 있잖아. 그건 우리가 바닷가에서서 바닷물의 변화를 직접 보지는 못했지만 밤사이 바닷물의 변화, 즉 조석이 지나갔다는 것은 확인한 셈이지."

신우는 자신이 잠을 자고 있는 동안 바다에서 많은 일이 벌어지고 있었다는 생각이 들었습니다.

"아, 그렇구나! 바닷물은 갑자기 없어진 게 아니라 아주 천천히 줄어들었기 때문에 우리가 느끼지 못했던 거구나. 내 키가 천천히 자라서 매일 보는 우리 식구는 잘 모르는데 오랜만에 보신 할머니가 많이 컸다고 알아보시는 것처럼 말야, 하하."

"그렇지. 비록 천천히 변하기는 하지만 오랜 시간 바닷가에 살아 온 사람들은 주기적으로 바닷물이 오르내리는 현상이 있다는 것을 알았던 거지. 우리는 그것을 조석현상이라고 하고. 그럼, 정우야. 여기 바닷가의 조석 주기는 얼마나 될까?"

정우는 잠시 생각에 잠기는 듯하더니 바로 계산을 해냈습니다.

"어제 우리가 도착한 오후 4시에 바닷물이 가득 차 있었고 지금 시간이 오전 8시인데 물이 다 빠졌으니까, 바닷물이 빠지는 데 16시간이 걸린 거네요?"

"음, 그렇게 생각할 수도 있겠구나. 그런데 우리가 도착했을 때가 바닷물이 제일 많이 찼을 때이고 지금이 가장 많이 빠져나간 상태라는 걸 정확히 확인할 수 없잖니? 그리고 생각보다 지난 밤사이에 바다에서는 많은 일이 일어났거든. 보통 우리나라, 특히 이곳 서해바다는 조석의 주기가 12시간을 좀 넘는단다. 이 말은 바닷물이 가장 높이 찼을 때인 고조^{만조}부터 다음 고조 때까지 걸리는 시간과, 바닷물이 가장 많이 빠져 있을 때인 저조^{간조}부터 다음 저조 때까지의 시간이 12시간 정도 걸린다는 뜻이야. 그렇다면 고조에서 저조까지의 시간은……?"

"거야, 당연히 여섯 시간이겠네요"

신우가 냉큼 대답했습니다.

"호호, 맞았어. 여섯 시간 정도야. 어제 오후의 고조 시간은 3시쯤이었는데, 너희가 4시쯤 도착했으니 고조를 약간 지난 시간이었지만 우리 눈에는 크게 차이가 나지 않아서 고조로 보였던 거지. 그리고 밤 10시쯤에 저조가 되었다가 오늘 새벽 3시쯤 다시 고조가 되었는데 우리는 잠을 자느라고 못 보았던 거야. 그리고 지금, 오전 9시에는 다시 저조 시간이라 바닷물이 빠져나간 거지."

"우와, 밤사이에 그렇게 많은 일이 있었던 거예요?! 그런데 이모, 그럼 지금 없어진 바닷물은 도대체 어디로 간 거예요?"

"음, 그건……."

잠깐 생각에 잠겼던 이모가 좋은 생각이 났다는 듯 손뼉을 치셨습니다.

"신우야, 머릿속에 그림을 그려봐. 움직일 수 있는 욕조가 있고 우리는 지금부터 그 욕조를 가지고 간단한 실험을 몇 가지 해볼 거야. 욕조의 물이 넘치지 않도록 주의하면서 욕조 속의 물을 출렁거리도록 만들면 이쪽저쪽 물의 높이는 달라져도 물의 양은 변하지 않지. 즉, 욕조의 한쪽을 들어 올려 물 높이가 낮아지면 반대쪽의 물 높이는 올라가겠지. 지금 우리가 있는 이곳은 저조라서 바닷물이 빠져나갔지만 어딘가 다른 곳은 고조가 되어 바닷물이 밀려와 있을 거야. 그러니 바닷물은 없어진 게 아니야."

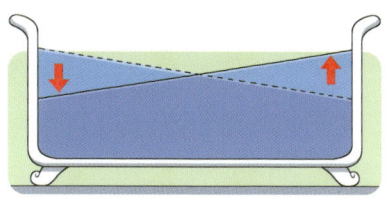

△ 욕조 속의 파도

"그럼 이곳에 있었던 물이 모두 다른 곳으로 밀려가서 그곳이 고조가 되었다는 뜻인가요?"

"거의 비슷하지만 약간 더 설명이 필요하겠는데. 고조 때에 여기에 있었던 물이 저조가 되면 빠져 나가기는 하지만 지금 고조인 다른 곳에까지 밀려가지는 않아. 욕조에서 다른 실험을 한 번 더 해보자."

"머리에 욕조를 떠올리고……."

"호호, 그래. 그 욕조 한 쪽 끝에 오리 인형을 한 마리

17

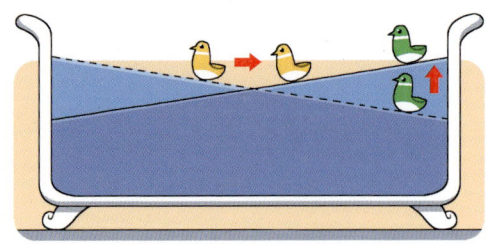

△ 욕조 속의 오리

띄워 볼까? 물이 출렁거릴 때마다 오리도 같이 움직이겠
지. 그런데 잘 살펴보면 물의 표면 높이가 높아질 때는 오
리도 위로 올라오지만 물의 표면 높이가 내려가면 따라서
내려가. 거의 제자리에서 위아래로 오르내리는 것이지. 이
번에는 오리를 가장자리 말고 욕조의 가운데에 띄워 놓아
볼까? 물이 출렁거리는 동안 오리는 움직이게 된단다. 그
런데 오리가 움직여 가는 방향을 잘 보면, 물의 높이가 높
아지고 있는 쪽으로 움직이는 것을 알 수 있을 거야. 마찬
가지로 바다에서도 조석 때문에 바닷물의 높이가 변하는
동안 물이 움직이는 데 이것을 조류라고 한다. 우리 이
제 집에 가서 간단한 실험기구를 만들어서 조류에 대한 실
험을 직접 해볼까?"

"와아! 정말 실험도 할 수 있어요?"

"간단하게 만들 수 있으니까. 3개의 수조를 이렇게 순서대로 놓고 각각의 수조를 가는 관으로 연결시켜 보자."

"생각처럼 잘 안돼요."

"자아, 찬찬히 끼워 봐. 제일 오른쪽 수조 끝에도 다른 수조와는 연결되어 있지 않은 관을 하나 연결해야 한다. 다 연결했으면 3개의 수조에 똑같이 반 정도만 물을 채워 보자."

"채웠어요."

"그럼 각각의 연결관 왼쪽에는 관에 끼이지 않으면서 잘 움직일 수 있는 정도 크기의 구슬을 하나씩 넣어야 해."

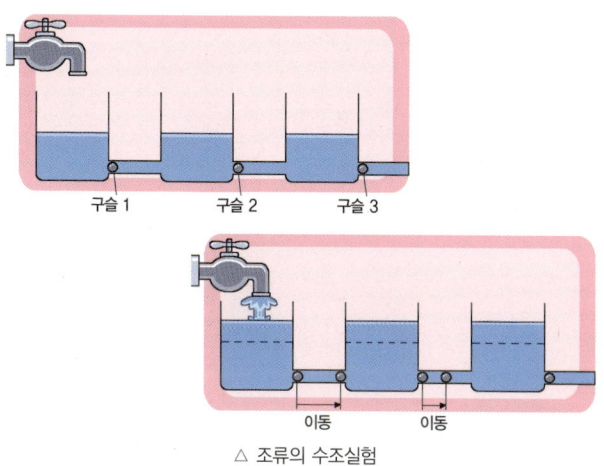

△ 조류의 수조실험

"끼워 넣었어요."

"이제 왼쪽 수조에만 물을 더 부을 건데 주의 깊게 관찰해야 할 것은, 왼쪽 수조에 물을 붓는 동안 옆의 2개 수조의 물 높이 변화와 연결관에 끼워 넣은 구슬의 움직임이야. 자아 왼쪽 수조에 물을 부어 봐."

"와아, 가운데와 오른쪽 수조에도 물이 들어와요."

"그렇지. 왼쪽 수조뿐만 아니라 가운데와 오른쪽 수조의 물 높이도 높아지지?! 연결관을 통해 왼쪽의 수조에서 오른쪽에 있는 수조로도 물이 이동해 왔기 때문이란다. 구슬은 어떻게 움직였니?"

"왼쪽 수조 옆의 연결관에 있던 구슬이 제일 많이 움직였고, 가운데 수조에 연결된 관에 끼워 넣은 구슬도 관의 절반 정도까지 움직였어요."

"형, 오른쪽 수조에 연결된 관에 끼워 넣은 구슬은 전혀 안 움직였어."

"편의상 구슬에 왼쪽 것부터 번호를 붙여 부르면, 구슬 1이 가장 멀리 이동했고 구슬 2는 구슬 1의 절반 정도 움직였으며 구슬 3은 거의 움직이지 않았지. 구슬 1은 연결관을 통해 나머지 2개의 수조에 채울 물이 이동하면서 같이 움직였고, 구슬 2는 연결관을 통해 1개의 수조를 채울 물이 이동하면서 그만큼 움직인 반면에 구슬 3이 있는 관으로는 물이 이동하지 않았기 때문에 구슬이 움직이지 않은 거란다."

"짝짝, 재밌어요. 그런데 이 실험이 조류와 무슨 관계가 있는지는 잘 모르겠어요."

"호호, 그러니? 그럼 우리가 실험했던 수조를 바다라고 생각해 보자. 왼쪽의 수조는 먼 바다이고 오른쪽 수조는 우리가 있는 바닷가인 셈이지. 물을 붓는다는 것은 지금 바닷가의 바닷물이 점점 높아지는 상황이야. 다시 말해서 저조에서 고조 사이에 바닷물의 높이가 점점 높아지고 있는 것으로 이를 밀물 또는 창조라고 하지. 밀물 동안에는 육지 쪽의 바닷물 높이가 올라가면 늘어나는 양만큼의 바닷물이 바다 쪽에서 흘러들어 온다. 반대로 고조에서 저조 사이에는……."

"바닷물의 높이가 점점 낮아져요."

"그래. 그것을 썰물 또는 낙조라고 하지. 그 동안에는 육지에서 바다 쪽으로 바닷물이 빠져나가는 거란다. 지난밤 고조 때 여기에 있었던 바닷물이 지금 고조인 먼 곳의

21

다른 바다에 가 있는 것이 아니라 단지 바다 쪽으로 잠시 밀려나가 있는 거지. 전체적으로 조금씩 밀리는 거야. 시간이 지나 밀물이 되면 다시 밀려들어 오는 것이고. 무슨 말인지 이해하겠니?"

"이모 이야기를 전부 알아들을 수는 없는데요, 무슨 말씀인지는 알 것 같아요."

"신우야, 우리 갯벌에 나가 보자. 모르는 게 있으면 그때 다시 여쭤 보면 되잖아."

조석은 바닷물이 주기적으로 움직이는 현상을 말한다. 조석의 중요한 특징 중의 하나는 주기가 거의 일정하며 그 주기가 길다는 것이다. 주기는 몇 시간 이상이라 보통은 하루에 한두 번 정도 나타난다. 바닷가에서는 바닷물의 높이가 오르내리는 것으로 조석을 느낄 수 있다. 바닷물의 높이가 점점 높아져 어느 순간에 최고 지점에 이르면 바닷물은 다시 내려간다. 높이가 제일 높아진 순간을 **고조** 또는 **만조**라고 한다. 반대로 바닷물의 높이가 제일 낮아진 순간은 **저조** 또는 **간조**라고 부른다. 고조와 저조의 물높이 차이는 **조차**라고 하는데, 이는 조석의 변화가 얼마나 큰지를 보여 주는 수치이다.

24쪽의 그래프는 바닷가에 눈금자를 세워 놓고 바닷물의 높이를 한 시간 간격으로 하루 동안 관찰한 것을 모눈종이에 기록한 것이다. 하루에 2번 고조와 저조가 나타나는 것을 알 수 있다. 그런데 조차는 매번 일정하지 않고 그때그때 조금씩 달라진다. 조차의 변화는 달의 모양과 아주 관계가 깊다. 달의 모양으로 보아 보통은 보름과 그믐 무렵에 조차가 가장 크다. **사리** 또는 **대조**라고 부르는 이 시기에는, 고조 때에는 바닷물이 가장 높이 올라오고 저조 때에는 가장 낮게 내려간다. 보름과 그믐 사이의 반달인 상현과 하현 무렵에는 조차가 가장

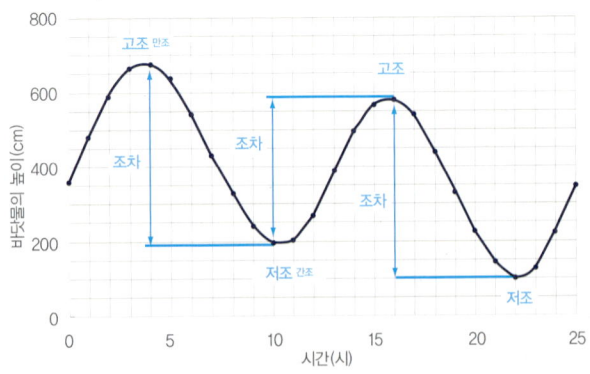

△ 하루 동안의 바닷물 높이 변화

작다. **조금** 또는 **소조**라고 부르는 이 시기에는 바닷물이 고조 때에는 가장 조금 올라오고 저조 때에는 가장 조금 내려간다. 옛날 사람들도 달의 모양에 따라 조석이 변한다는 사실을 알고 있었기 때문에 달의 모양을 보고 조석을 예측했다.

25쪽의 그래프는 바닷가에 눈금자를 세워 놓고 한 달 동안 바닷물의 높이 변화를 기록한 것이다. 사리와 조금은 한 달에 두 번 나타난다. 사리 동안에는 고조 때에 바닷물이 평소보다 많이 올라오고, 저조 때에는 더 많이 내려가서 조차가 커진다. 저조에서 고조 사이에 바닷물의 높이가 점점 높아지는 것을 **창조**라고 한다. 보통 창조 동안에는 먼 바다의 물이 육지 쪽

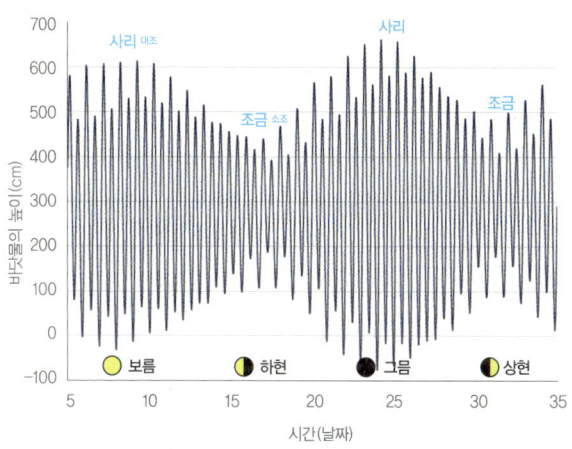

△ 한 달 동안의 바닷물 높이 변화

으로 흐르며 이것을 **밀물**이라 한다. 반대로 고조에서 저조 사
이에 바닷물의 높이가 점점 내려가는 것은 **낙조**라고 하며, 낙
조 동안에는 육지 쪽의 물이 먼 바다로 물러나는데 이것을 **썰
물**이라고 한다. 밀물에는 바다 쪽에서 육지 쪽으로 바닷물이
채워지므로 물의 높이가 높아진다. 반대로 썰물 때에는 육지
쪽의 바닷물이 바다 쪽으로 빠져 나가기 때문에 물의 높이는
낮아진다. 주기적으로 반복되는 밀물과 썰물을 모두 합쳐 **조
류**라고 한다.

옛날 사람들도 조석을 알았을까?

갯벌에서 신나게 놀고 돌아온 정우와 신우가 외할아버지께 오늘 보고 배운 것을 신이 나서 자랑했습니다. 밀물이나 썰물에 따라 달라지는 갯벌의 모습과 그 안에서 살아가는 생물들이 신기하기만 한 하루였습니다.

"할아버지, 갯벌에 나가 보니까 작은 게랑 조개들이 많이 있던데 바닷물이 들어오면 그것들은 어떻게 해요?"

신우가 매우 걱정스러운 표정으로 할아버지를 쳐다봤습니다.

"바다에 사는 생명들은 아주 작은 것들도 바다에 대하여 잘 알고 있단다. 그래서 바닷물이 언제 들어올지, 바닷물이 들어오면 어떻게 해야 하는지를 다들 잘 알고 있으니까 걱정하지 않아도 된다. 작은 게들은 바닷물이 들어오면 갯벌이나 모래 속의 자기 집으로 들어가서 다시 물이 빠지길 기다릴 거란다. 반대로 조개들은 물이 빠지면 펄 흙속 깊이 숨어서 바닷물이 들어오기를 기다린다. 바닷물이 들어오면 입을 물속으로 내밀고 먹이를 먹어야 하니까 말이다."

"할아버지, 아주 옛날 사람들도 바닷물이 빠지고 다시

차는 데 주기가 있다거나 이것이 달의 모양과 관련이 있다는 것을 알고 있었을까요?"

정우는 낮에 이모가 설명해 주신 조석현상을 떠올리며 할아버지께 여쭈어 봤습니다.

"너희들도 하룻밤을 이곳에서 보내고 조석이 있다는 것을 알았잖아. 정확히는 모르겠지만 옛날 사람들도 우리 마을처럼 어느 정도 조석이 있는 바닷가에 살았던 사람이라면 조석이 일어난다는 사실은 아마 잘 알고 있었을 거야. 조석이라는 용어는 몰랐겠지만 말이다. 왜냐하면 바닷가에 사는 사람들은 생활하는 모든 일이 조석과 관계가 있거든. 옛날 사람들도 배를 띄워 고기를 잡았을 터이니 언제 밀물이 되고 언제 썰물이 되는지 알아야 적당한 시간에 고기잡이를 하러 나서거나 갯벌에 조개를 캐러갔을 것 아니냐. 아, 너희들 충무공 이순신 장군은 잘 알고 있겠지."

"그럼요. 왜군이 조선에 쳐들어 왔을 때 목숨을 바쳐 나라를 지키신 장군이잖아요. 굉장히 과학적인 거북선을 만드셨을 뿐만 아니라 전쟁에서는 한 번도 진 적이 없다고 들었는데요."

"저런, 신우가 아주 많이 알고 있구나. 이순신 장군이

해전에서 한 번도 지지 않고 승리할 수 있었던 것은, 장수로서의 탁월한 능력과 나라를 지켜야 한다는 애국심 때문이기도 하지만 장군의 과학적 지식도 한몫을 했단다. 장군은 우리나라 바다에 대해서 누구보다도 잘 알고 계셨거든."

"에이, 바다에 대해 잘 알고 있는 것과 전투에서 이기는 게 무슨 상관이 있다고요."

"장군은 조류를 따라 바닷물이 어디서 어디로 흐르는지, 언제 밀물과 썰물이 바뀌는지, 바다의 물살이 얼마나 빠른지를 잘 알고 계셨고, 이런 자연현상을 전투에 적절히 이용하셨던 거란다. 당시 조선의 수군에게는 바다에 대한 이해가 가장 강력한 무기였던 셈이지."

"바다에 관해 잘 알고 있는 것이 어떻게 적군과의 전투에 유리한 거지요?"

"정우도 잘 모르는 모양이구나. 그럼 오랜만에 충무공이야기를 좀 해볼까?!"

"재밌는 얘기로 해 주세요, 할아버지."

"장군의 과학적 식견은 전쟁 중에 쓰신 『난중일기』를 보면 잘 나타나 있단다. 그 분의 탁월한 능력 중의 하나가 바다에서 일어나는 현상을 아주 잘 이해하고 있었고 그것을 전술에 이용했다는 점이야. 일기에는 각 전선戰船의 이동 시간과 위치들이 상세히 기록되어 있는데 비슷한 시기에는 비슷한 시간에 이동하고 있단다. 예를 들면 한밤중인 오후 11시쯤 출발하여 새벽 2시쯤 목적지에 도착해 낮에는 쉬게 한 뒤, 다음날도 비슷한 시간에 또 군대를 이동시키는 식이지."

"군사들 골탕 먹이는 것도 아니고 피곤하게……."

"작전상 그렇게 움직이는 거라니까. 일기의 어떤 부분에는 '썰물에 배를 움직일 수 없다.'라는 구절도 있는데, 이는 조류를 이용해 배를 움직였기 때문이란다. 조류를 이용해서 군사들이 최소한의 힘으로 배를 이동하게 함으로써 전투에서는 최대한의 힘을 발휘할 수 있도록 배려한 거지."

"자연현상을 이용해서 최소의 힘을 들여 최대의 효과를 내는 거로군요."

"그래도 군사들은 힘들었겠다."

"충무공의 능력이 가장 잘 두드러졌던 전투는 명량해전이란다."

"알아요, 억울한 누명을 쓰고 옥에 갇혔던 장군이 풀려나

다시 삼도수군통제사로 제수되어 돌아와서 치른 전투잖아요. 당시 조선 수군의 상황은 최악이었다고 알고 있는데요."

"그랬지. 원균이 이끌었던 134척의 조선 수군 함대가 칠천량에서 왜군의 기습을 받아 거의 전멸하고 겨우 13척의 전선戰船만이 남아 있을 뿐이었으니까. 사기가 오를 대로 오른 왜군은 육지를 통하지 않고 부산에서 서울까지 바다의 해로로 군사를 이동할 계획을 세웠단다. 133척의 전선을 앞세우고 300여 척의 수송선이 그 뒤를 따르며 이동하고 있었지. 충무공은 비록 13척의 배밖에는 없지만 왜군을 기필코 막아야 하겠다고 결심하고 작전을 세우셨단다. 고심 끝에 우리나라에서 조류가 가장 빠른 곳으로 알려진, 진도와 육지 사이의 좁은 수로인 명량수로를 결전의 장소로 결정하셨던 거야."

"물살이 빠르면 우리 군사들도 전투하기 힘든 장소 아닌가요?"

"그렇기는 하지만, 여러 가지를 생각해서 결정하신 거지. 그중에는 왜군의 심리도 이용하셨단다."

"심리요?"

"그래, 이전에는 충무공만 나타나면 도망가기 바빴던

왜군이 10배가 넘는 전선을 보유하고 있는 데다가 바로 직전에 대승을 거둬 자신감에 도취되어 있는 점을 이용한 거지. 조선 수군이 유인작전을 펼쳐도 도망가지 않고 맞설 것이라 판단하시고 명량수로까지 유인을 했고 왜군은 순순히 따라들어 왔던 거란다."

"할아버지, 그럼 우리 군사들은 빠른 물살을 어떻게 피했는데요?"

"우선 조류의 특성을 잘 알고 있었고, 좀 더 튼튼한 전선을 보유하고 있던 조선 함대는 강한 밀물을 타고 명량수로를 통과했던 거란다. 그런 다음 수로의 바로 앞에서 닻을 내리고 왜군 함대가 오기를 기다렸지. 명량수로는 폭이 좁아 모든 함대가 한꺼번에 통과할 수 없기 때문에 줄을 지어 들어올 수밖에 없거든. 그래서 장군은 미리 왜군의 전선들이 명량수로로 진입해야 하는 시간을 조류가 강한 시간에 맞추어 배를 조종하기 어렵게 만든 거란다. 그리고 사전에 수로를 가로질러 양쪽 육지 위에 설치해 놓은 쇠줄을 당겨 배가 지나가지 못하게 만들었던 거지. 강한 조류를 받은 왜군의 전선들은 쇠줄에 걸려 오도 가도 못하게 되자 당황을 했겠지."

"맞아요, 그렇게 수로에 왜군의 전선을 몰아넣고 미리 빠져나가 대기하고 있던 조선의 함대가 왜군을 향해 일제히 공격을 퍼부어 수많은 전선들을 격침시켰던 거잖아요."

정우가 아는 체를 하면서 끼어들었습니다.

"그래, 장군의 생각대로 시간이 지나자 물때가 바뀌어 썰물이 되었지. 그때부터는 조선 함대가 닻을 올리고 썰물을 타며 적진을 향해 돌격해 들어가자 이미 큰 피해를 입어 전의를 상실한 왜군들은 뿔뿔이 도망가 버렸단다. 이 해전에서 31척의 왜군 전선이 깨지거나 불에 탔는데, 조선의 함대는 단 한 척도 손실되지 않았던 완벽한 승리였지. 이후 계획에 차질이 생긴 왜군은 더 이상 버티지 못하고 전쟁을 포기하게 되었단다."

"글쎄 말이에요. 열 배가 넘는 전력의 열세를 극복한 명량대첩은 세계에서도 그러한 유래를 찾을 수 없는 해전이었잖아요. '죽고자 하면 살 것이요, 살고자 하면 죽을 것이다.'라는 심정으로 전투에 임했던 병사들의 정신력과, 지형과 조류를 적절히 이용한 지휘관의 뛰어난 전략으로 거둔 승리라 할 수 있죠."

이모가 할아버지를 거들어 드렸습니다.

역사 속의
조석 관련 기록

| 우리나라 | 이순신 장군의 『난중일기』 이외에도 조석에 관련된 기록은 여러 군데에서 찾을 수 있다. 그중의 하나가 「용비어천가」이다. 「용비어천가」는 세종대왕 때 한글로 지은 최초의 가사_{시가의 한 형태로, 고려 말 조선 초에 유행한 100행 내외의 시로}, 조선의 건국을 찬양하고 태조 이성계와 그 조상들의 덕과 업적을 기리는 내용으로 되어 있다. 그 「용비어천가」 67장에 바로 조석과 관련된 구절이 있다.

(앞절) 원나라 승상 백안이 송나라를 공격할 때, 전당강가에 진을 치니, 항주 사람들이 이를 보고 곧 조수가 밀려와 군영이 잠길 것이라 하며 몹시 기뻐했다. 그러나 사흘이 지나도록 아무 일 없다가 군사가 떠난 뒤에야 물에 잠겼다.
(뒷절) 이 태조가 위화도에 군사를 주둔시켰을 때, 장맛비가 며칠 동안 내렸으나 물이 붇지 않더니 회군한 뒤에야 온 섬이 물에 잠겨 버렸다.

항주는 중국 남부의 오래된 도시로 춘추시대 '오월동주'의 고사로 유명한 월나라의 수도였으며 남송의 수도이기도 하다. 전당강錢塘江은 중국 항주 시내를 지나는 강으로 지금도 사리 때가 되면 조석보어_{아주 강한 밀물이 강의 상류로 밀어 닥치는 현상(116~117쪽 참고)}가 유명한 곳이다. 당시 원나라 승상 백안이 물때를 미리 알고 전당강가에 진을 쳤다가 사흘 후에 진을 거두어 들였는지의 사실 여부를 확인할 수는 없다. 다만, 그때의 상황을 되짚어 생각해 보면 아마도 조금 때에 진을 쳤다가 사리가 되기 전에 철수를 했고, 그들이 강가를 떠나자 바로 큰 조석이 밀려와 조석보어가 일어나 강이 범람한 것으로 생각된다.

하늘이 도왔을 것이라는 이 고사에 빗대어 조선 건국의 정당성을 주장하는 글이 뒷절이다. 조선 건국의 시발점이 된 위화도는 압록강 하구에 있는 퇴적 삼각주로, 강물이 쉽게 범람할 수 있을 정도로 매우 낮은 모래섬이다. 압록강 하구는 조금 때의 조차는 3미터 내외이지만 사리 때의 조차는 6미터 정도로 크다. 이성계의 위화도 회군이 있기 전 장마가 계속되어 강물이 불어나 있었다. 태조 이성계가 위화도에 진을 치고 있을 때는 아마도 조금 때였을 것으로 추정된다. 그랬다가 사리가 되기 전에 위화도에서 회군하였고 그 후 이어진 사리의 큰 조석과 장마가 겹쳐 불어난 강물이 서해로 빠져나가지 못하고 위화도를 잠기게 했을 것이라 생각된다. 이런 자연현상을 건국의 정당성을 주장하는 데 이용한 것이다.

| 세계 여러 나라 | 세계적으로도 조석현상은 오래 전부터 알려져 있었고 기록도 많이 남아 있다.

지금으로부터 2,300여 년 전인 기원전 325년. 그리스의 탐험가 피테아스Pytheas는 대서양에서 조석현상을 경험했다. 그는 하루에 2번 바닷물의 높이가 오르내리는 사실과 그때그때 높이가 일정하지 않다는 것을 알게 되었다. 또한 매달 2번의 사리와 조금이 있으며 이것이 달의 모양과도 관계가 있음을 관찰하고, 달이 조석을 일으킨다고 생각했다.

기원전 55년과 54년에 로마 황제 시저Caesar는 2번에 걸쳐 지금의 영국을 침공했다. 기원전 55년에 처음 영국에 상륙하지만 폭풍우로 물자를 공급받지 못해서 견디지 못하고 후퇴하게 된다. 1년 후 다시 영국에 상륙은 했지만 고조 때의 심한 폭풍으로 해안에 정박해 있던 전함을 많이 잃게 된다. 부서진 전함들을 복구하고 안전한 장소를 찾아 군대를 이동시키는 동안 영국의 토착민들은 군대를 모아서 로마 군대와 대항할 수 있는 시간을 벌게 되었고, 결국 시저는 힘든 전투를 치룬 후 조약을 맺고 돌아오게 됐다.

이후에도 조석현상을 서술한 기록들은 많다. 서기 23년에서 79년까지 그리스에 살았던 탐험가 플리니Pliny는 하루에 두 차례 창조와 낙조가 있으며, 이는 달과 관계가 있다고 기록했다. 서기 673년에서 735년 영국에 살았던 수도승 베데Béde도 달과 조석현상의 관계를 서술한 적이 있다.

단순한 기록이 아니라 처음으로 조석현상을 과학적 이론에 적용해 설명한 사람은 만유인력의 발견으로 유명한 영국의 과학자 뉴턴Newton이다. 그는 달과 태양 그리고 지구 사이의 인력과 운동이 조석을 일으킨다는 사실을 설명하고, 수학적으로 계산까지 해냈다. 지금까지도 뉴턴의 설명은 조석현상을 설명하는 기본 이론이다. 이 책에서는 세 번째 이야기에서 조금 더 자세히 설명할 예정이다.

조석은 서해안에만 있나요?

갯벌에서의 즐거운 하루

정우와 신우는 이모와 함께 물이 빠진 갯벌에서 신나게 놀
았습니다. 처음에는 갯벌 흙의 검은 색과 미끈거리는 감촉
때문에 갯벌에 들어가는 것이 별로 내키지 않았지만, 시간
이 지날수록 걸을 때마다 발목까지 빠지는 매끄러운 감촉
이 점점 재미있어졌습니다.

　여기저기 구멍 속을 바쁘게 들락거리는 게들은 마치 숨
바꼭질하는 것 같았습니다. 다리도 없는 망둑어가 그렇게
빠를 줄은 생각도 못했습니다. 고둥을 여러 마리 잡았는
데, 그중에 집게가 들어 있는 것이 있어서 놀라기도 했습
니다. 그렇게 즐거운 시간을 보내고 집으로 돌아온 정우가
이모에게 궁금했던 것을 물었습니다.

"이모, 그런데 왜 동해바다에는 조석이 없나요? 작년 여름에 동해 바닷가로 놀러갔었는데 여기 같은 넓은 갯벌도 없고 밀물이랑 썰물도 없었어요."

"동해에 조석이 없는 것은 아니란다. 다만 서해바다에 비해서 조차가 아주 작기 때문에 우리가 잘 느끼지 못할 뿐이야. 서해에서는 조차가 큰 인천의 경우 사리 때 조차가 9미터 이상이 되기도 하는데, 동해에서는 조차가 큰 편인 속초의 경우도 사리 때에 조차가 20센티미터 정도이거든."

"그러면 왜 서해는 조석이 동해보다 큰 거예요?"

"그 점에 관해서는 옛날 우리 선조들도 궁금해 하셨던 것 같더구나."

옆에서 듣고 계시던 외할아버지가 말씀하셨습니다.

"네? 옛날 사람들도 서해는 조석이 아주 크고 동해는 조석이 작다는 것을 알고 궁금해 했다고요?"

"그래. 서해에서 보면 조석이 분명 달과 관계가 있다는 것을 알 수 있는데, 똑같은 달이 동해에도 뜨는데 왜 조석이 없는지 쉽게 이해되지 않았던 모양이다. 그래서 '동해에 조석이 없는 이유'라는 뜻으로 「동해무조석론東海無潮汐論」을 여러 사람들이 이야기했단다."

"쳇, 쉬운 말을 왜 어려운 한자를 써서 말하지."

"허허, 그렇게 유식했는 데도 조선 중기까지 그 누구도 정답을 말하지 못했단다. 그때에는 사람들이 천동설^{달과 태양} _{이 지구 주위를 돌고 있다고 믿었던 세계관}을 믿고 있었고, 지구는 둥글며 모든 바다가 이어져 있다는 지금과 같은 일반적 상식이 없었기 때문이야. 18세기 이후 천문과 지리에 관한 지식이 알려지면서 정약용 같은 분이, 사리^{대조}와 조금^{소조}이 일어나는 이유를 설명하셨단다. 즉, 달과 태양의 위치 차이에 의해 생기는 것이라 이야기하고, 동해와 서해의 조석 차이는 주변에 연결되어 있는 바다와 관계가 있다는 정도를 말씀하셨다. 우리 선조들은 요즘과 같은 과학적 지식은 부족했을지 모르지만 조석현상을 이해하고 탐구하려는 노력만큼은 누구에게도 뒤지지 않았단다."

"노력은 하셨는데 정확한 답은 모르셨던 거네요?"

"글쎄, 그런데 왜 서해에만 조석현상이 뚜렷한 것인지 나도 궁금하구나."

연세가 드셨어도 아직 배우고 싶은 것들이 많다는 듯 외할아버지가 이모에게 물으셨습니다.

"아버지는 아시면서 괜히……. 애들아, 서해안의 조석

은 세계적으로도 큰 편에 속한단다. 서해는 수심이 얕고 비교적 완만한 지형으로 이루어져 있지. 그리고 남쪽에 연결되어 있는 동중국해를 통해 조석파가 들어오거든. 이런 서해의 지형 조건에서는 조석이 아주 강하고 커지기 때문에 동해보다 아주 크단다. 다음에 기회가 있으면 조금 더 자세하게 설명해 줄께."

무엇인가 이해를 한 듯 정우가 이야기했습니다.

"결국 서해안의 조차가 동해안보다 아주 크기 때문에 갯벌도 넓은 거군요."

"그래. '갯벌'을 사전에서 찾아보면 '고조 때에는 잠기고 저조 때에는 드러나는 연안의 평탄한 지역'이라고 설명하고 있어. 서해안의 경우는 오랜 세월 동안 육지로부터 운반되어 온 미세한 흙과 모래들이 쌓여 평탄한 지형을 이루고 있는 데다가 조차가 크기 때문에 넓은 갯벌이 형성될 수 있었던 거지."

"이모, 갯벌에 관한 책을 읽다 보면 조간대라는 말이 나오는데, 전 그냥 갯벌이라고 생각했었는데 다른가요?"

"갯벌과 비슷한 뜻으로 '조간대'라는 용어를 쓰기도 하는데, 엄밀하게 말하면 차이가 있단다. 조간대는 갯벌처럼 넓

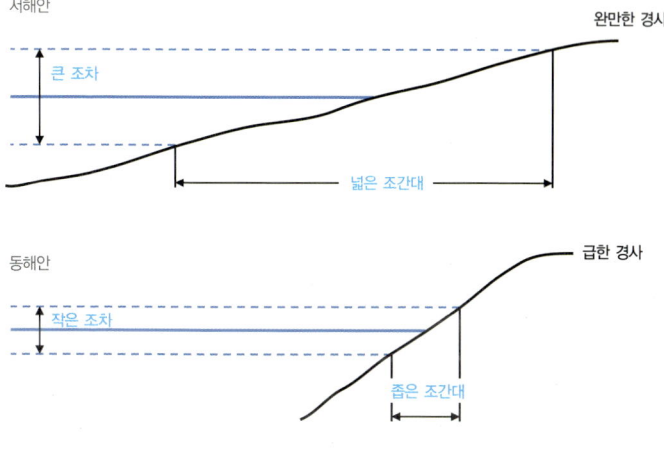

서해안

완만한 경사

큰 조차

넓은 조간대

동해안

급한 경사

작은 조차

좁은 조간대

△ 서해안과 동해안의 갯벌 비교

고 평탄한 지형은 아니지만 '고조 때에는 바닷물에 잠기고 저조 때에는 육지로 드러나는 곳'을 가리키지. 좀 전에 이야기한 것처럼 서해안은 지형이 비교적 완만한 데 비해 동해안의 지형은 아주 급하단다. 경사가 완만하고 조차도 큰 서해안에는 넓은 조간대가 생기지만, 지형이 급하고 조차도 작은 동해안은 조간대가 자연 좁을 수밖에 없는 거지.”

우리나라
주변의 조석

우리나라에서 조차가 가장 큰 곳은 서해 중부 연안인 인천 부근이다. 사리 때에는 해수면 높이의 차이가 9미터 이상이 되기도 한다. 인천에서 남쪽으로 내려갈수록 대조차는 점점 작아져서 목포 부근에서는 약 3미터 정도이다. 서해를 지나 남해로 들어서면 부산 쪽으로 갈수록 대조차가 작아져서 부산 부근은 1미터 내외가 된다. 우리나라에서 가장 조차가 작은 곳은 포항 부근으로 20센티미터도 채 안 된다. 이곳을 기점으로 동해안을 따라 북쪽으로 올라갈수록 조차는 다시 증가하기는 하지만 그 크기가 작아서 속초 부근도 20센티미터를 조금 넘을 뿐이다. 이렇듯 동해안의 조석은 서해안에 비해 매우 작아 파도와 잘 구분되지 않기 때문에 주의 깊게 관찰하지 않으면 조석이 없는 것으로 보일 수도 있다.

2m

◁ 우리나라 주변의 사리 때의 조차 분포

저녁을 먹은 뒤 방바닥에 배를 깔고 엎드려 지도를 뒤적이 던 신우가 이모에게 물었습니다.

"이모, 우리나라 주변에는 갯벌이 얼마나 많이 있는 거 예요."

"우리나라 서해안의 갯벌은 아주 넓어서 인공위성에서 도 볼 수 있단다. 잠깐만……."

이모는 가방에서 사진을 2장 꺼내 신우에게 주었습니다.

"이게 인공위성에서 인천 앞 바다를 찍은 사진이거든. 왼쪽 사진은 고조 때이고 오른쪽 사진은 저조 무렵의 사진

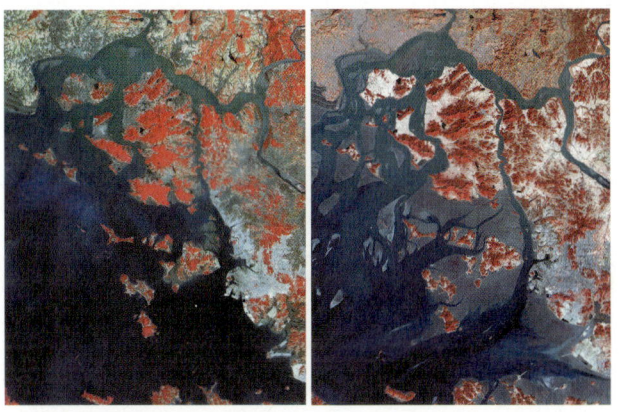

△ 경기만 주변의 오른쪽 고조 때와 왼쪽 저조 때의 인공위성 사진

이야. 저조 때 사진에서 여기 육지 주변에 넓게 나타나는 밝은 부분들이 모두 갯벌이란다. 이 갯벌들은 육지에서 수 킬로미터까지 아주 넓게 이어져 있어, 잘 봐."

"넓은 것 같기는 한데 느낌이 팍 안 와요."

"글쎄, 숫자로 말해 주면 좀 나을까?! 우리나라 서해안 갯벌의 전체 면적은 남한과 북한 모두 합쳐서 5,400제곱킬로미터 정도인데 그중 3,000제곱킬로미터 정도가 북한에 위치하고 있고 약 2,400제곱킬로미터가 남한에 있단다. 그런데 남한의 갯벌 면적만 따져 보아도 전체 육지의 약 2.5퍼센트에 해당하는 면적이야."

"생각보다 넓은데요. 인천 부근에만 갯벌이 있는 건 아니잖아요?"

"뭐, 우리나라 갯벌의 대부분이라고 할 수 있는 80퍼센트 정도가 인천을 포함한 경기도와 전라남도에 위치하고 있기는 하지. 너희들 우리나라의 서해안 갯벌이 세계 5대 갯벌 중의 한 곳인 것은 알고 있니?!"

"와아, 그렇게 서해안 갯벌이 멋있는 거예요?"

"호호, 멋있기도 하지만 잘 발달되어 있다는 뜻이 크지. 더불어 앞으로 잘 보존하자는 의미도 있고……."

갯벌은 아주 오랜 기간 동안 조석과 조류가 만들어낸 독특한 해양환경이다. 육지에서 씻겨 내려온 퇴적물들이 조류에 의해 운반되어 넓고 평평하게 쌓여서 갯벌이 만들어진다. 갯벌은 바다 전체를 놓고 보면 아주 좁은 부분이지만 해양 생태계에 있어서는 아주 중요하다.

갯벌에는 눈에 잘 보이지도 않는 미생물에서부터 물고기들까지 많은 해양생물들이 살고 있다. 어떤 생물들은 갯벌에 집을 짓고 갯벌에서 먹을 것을 얻으며 평생을 그곳에서 살아간다. 어떤 생물들은 알을 낳기 위해 갯벌에 찾아오기도 한다. 갯벌에서 알을 깨고 나온 이들의 어린 생명들에게는 먼 바다로 돌아가기 전 안전하게 자라는 터전이 되어 주는 것이다.

육지에서 흘러들어오는 유기물이나 오염물질들은 갯벌을 지나면서 걸러지고 생물들에 의해 분해되어 정화되기도 한다. 태풍이나 폭풍이 일어서 생긴 큰 파도는 갯벌을 지나며 약해져 육지에 도달하기 때문에 갯벌은 해안을 보호하는 역할도 한다. 해양에서 갯벌은 바다를 건강하게 하고 육지를 보호하는 아주 중요한 부분인 셈이다. 이처럼 갯벌은 해양 생태계에서 아주 중요한 역할을 하기 때문에 학자들 중에는 갯벌의 가치를 농경지보다 100배 이상 높다고 주장하는 이들도 있다. 많은 국가들은 갯벌의 가치를 높게 평가하여 보호하고 있다.

그런 이유로 갯벌을 습지 보호를 위한 국제 람사르^{Ramsar} 협약에서도 자연보호구로 지정하고 있다.

세계 5대 갯벌은 우리나라 서해안 갯벌 이외에 북해 연안 갯벌, 캐나다 동부 연안 갯벌, 미국 동부 조지아 연안 갯벌, 아마존 하구 갯벌을 이야기한다. 세계 5대 갯벌들은 육지의 평평한 지형이 바다까지 이어져 있거나 아마존과 같이 강을 통해 많은 흙들이 연안에 쌓여 넓고 얕은 지형을 이루고 있다. 당연히 조차도 아주 커서 캐나다 동부 연안은 사리^{대조} 때에 약 13미터까지 나타나기도 한다. 북해 연안 갯벌의 3분의 2 정도가 독일에 위치해 있는데, 독일은 이들 모든 해안갯벌을 국립공원으로 지정해 아주 엄격하게 보호하고 있다. 주변국들과 공동으로 자연 상태의 갯벌을 유지하기 위해서 갯벌을 훼손하는 무분별한 연안개발 사업을 억제할 뿐만 아니라, 갯벌의 생태계를 보호하기 위해서 일반인들이 갯벌에 직접 들어가는 것까지 제한하고 있다. 특히 갯벌을 찾아오는 새들이 방해받지 않고 머물다 갈 수 있도록 세심한 주의를 기울이고 있다. 새들은 갯벌의 건강한 정도를 나타내는 중요한 척도이기 때문이다. 국민들도 국가의 이런 정책을 잘 이해하고 따른다. 갯벌에 직접 들어가지는 못하지만 매년 수백만 명의 관광객들이 갯벌 국립공원을 방문해 탐방로를 따라 갯벌을 감상하

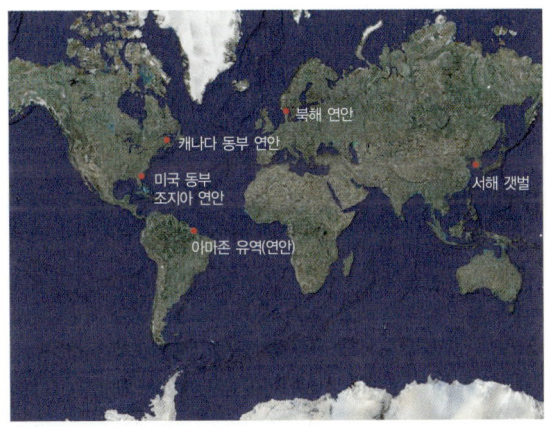

△ 세계의 5대 갯벌

며 즐긴다.

우리나라에서도 법률을 제정해 연안환경을 효과적으로 관리하고 갯벌과 같은 습지를 보전하기 위한 노력을 기울이고 있다. 2008년 현재 무안 갯벌, 진도 갯벌, 순천만 갯벌, 보성 벌교 갯벌, 웅진 장봉 갯벌, 부안 줄포만 갯벌의 6군데를 습지보호구역으로 지정하여 관리하고 있다.

왜 바닷물이 움직이나요?

이모와 외할아버지께서 조석에 관해 많은 이야기를 들려 주셔서 재미있었지만, 정우는 설명을 들으면 들을수록 궁금하고 이해되지 않는 내용들이 점점 많아졌습니다.

"할아버지, 옛날 사람들도 조석이 생기는 것을 알고 있었다고 말씀하셨는데요, 그때도 달 때문에 조석이 일어나는 것을 알았을까요?"

"허허, 처음에는 몰랐던 것 같단다. 사람들이 조석현상이 달과 관계가 있다는 것을 알아차리기 이전인 아주 오래 전에는, 아마도 조석현상이 일어난다는 것이 무척 신기한 현상이었을 게다. 그래서 아주 재미있는 생각들을 했단다. 당시 사람들에게 바다는 두려움의 대상이었고, 바닷속에는 별의별 것들이 다 있을 거라고 생각했었다. 그래서 길이가 수천 리里, 약 400미터 정도 거리의 단위가 넘는 미꾸라지처럼 생긴 생물이 바닷속 동굴에 살고 있는데 이 생물 때문에 조석이 생기는 거라고 생각하기도 했단다."

"큰 생물과 조석을 어떻게 연결지은 것이죠?"

"이 생물이 동굴에서 나오면 물이 밀려와 바닷물이 올라가고 다시 동굴로 들어가면 바닷물이 내려간다고 생각했던 거지. 그리고 이 생물은 절도가 있어서 규칙적으로 반복해서 동굴을 드나든다고 이야기했단다."

"정말 바다 속에는 그렇게 큰 생물이 살 수 있나요?"

신우가 심각하게 묻자, 이모가 웃으며 대답해 주었습니다.

"바닷속에는 아직도 우리가 모르는 것들이 많기는 하지만 그렇게 큰 생물은 살고 있지 않을 것 같아. 실제로 조석이 생기는 것은 달과 태양 그리고 지구 사이의 움직임 때문이거든."

"맞다. 이모, 지구로부터 아주 멀리 떨어져 있는 달이 어떻게 조석을 일으킨다는 거예요?"

"그럼, 지금부터는 어떻게 조석이 생기는지에 대해서 이야기해 볼까?!"

조석을 일으키는 힘 _기조력

"난, 좀 어려워서 재미없을 것 같아."

신우가 볼멘소리를 했습니다.

"그래, 신우한테는 좀 어려울지도 모르겠다. 쉽게 설명해 줄 테니까 잘 들어봐."

"예습한다고 생각하면 되잖아. 조용히 하고 좀 들어."

"호호, 조석은 지구와 달 그리고 지구와 태양의 운동에 의하여 발생하는데, 우선 가장 중요한 지구와 달 사이의 운동만을 생각해 보자. 너희들도 잘 알고 있듯이 달은 약 한 달에 한 바퀴씩 지구 주위를 돌면서 공전하잖니. 이렇게 달이 지구를 공전하는 것은 지구와 달 사이에 두 가지 힘이 균형을 이루고 있기 때문이란다. 먼저, 하나는 모든 물체들은 서로 가까워지려고 하는 힘이 있는데 이것을 만유인력이라고 하거든. 만유인력은 물체가 무겁거나 또는 서로 거리가 가까울수록 크게 작용을 한단다."

"아, 만유인력은 알아요. 우리는 평소 잘 느끼지 못하지만 지구 주변에 있는 물체를 아주 강하게 당기고 있어서 나무에 달려 있던 사과가 땅으로 떨어진다거나 우리가 높이뛰기를 할 때 새들처럼 하늘높이 뛰어오르지 못하고 다시 땅으로 내려오는 이유가 만유인력 때문이란 거……."

정우가 책에서 읽었던 것을 기억해 내서 대답했습니다.

"정우가 잘 알고 있어서 설명하기 훨씬 쉽겠는데. 그런데 다행히도 달은 사과처럼 지구로 떨어지지 않는단다. 이것은 달과 지구가 공전을 하면서 서로 멀어지려는 힘이 생기기 때문이야. 이 힘을 원심력이라고 하지."

"아, 그럼 지구와 달 사이의 만유인력과 원심력의 균형 때문에 달이 지구를 공전할 수 있는 것이로군요."

"그렇단다. 달과 지구는 서로 잡아당기는 만유인력과 서로 공전하기 때문에 생기는 원심력이 서로 균형을 이루고 있어서, 달이 지구에서 벗어나지 않고 계속 공전할 수 있는 거야."

"원심력은 줄에 돌멩이를 매달아 돌리다 놓아 버리면 돌이 멀리 날아가게 하는 힘을 이야기하는 거잖아요. 그런데 달이 지구를 중심으로 공전하는 것이 아니라 지구와 달이 서로 공전하고 있다는 것은 이해가 좀 안 되는데요."

"달이 공전하고 있는 중심은 지구의 중심이 아니란다. 정확하게 말하면 지구와 달의 무게중심을 돌고 있는 거란다."

"지구와 달의 무게중심이요?"

이모가 노트를 꺼내서 그림을 그리며 설명을 이어가셨습니다.

"이 그림을 봐. 지구는 달보다 약 81배가 무겁기 때문에 지구와 달의 무게중심으로부터 달까지의 거리는 지구까지의 거리보다 81배가 멀단다. 이 위치에 저울의 중심을 놓으면 두 천체는 서로 무게의 균형을 이룰 수 있는 거야."

"이 그림을 보니, 무게중심이라는 것이 마치 지렛대의 원리와 비슷한 거 같네요. 이모, 그러면 실제 지구와 달의 무게중심은 어디에 있는 건가요?"

"지구와 달의 무게중심은 지구 중심에서 그리 멀지 않아서 지구 내부 이쯤에 있단다."

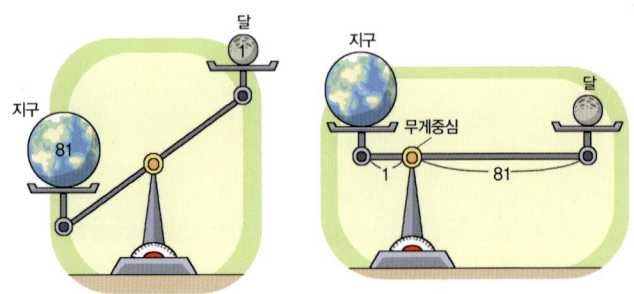

△ 지구와 달의 무게중심

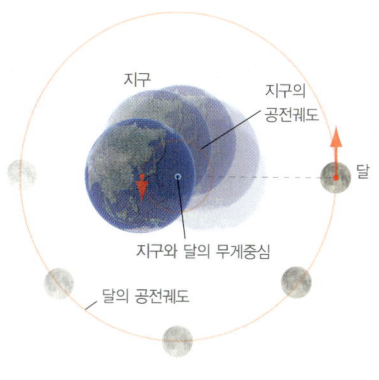

지구
지구의
공전궤도
달
지구와 달의 무게중심
달의 공전궤도

△ 지구와 달의 공전

이모가 그림 속 지구 안에 점을 찍었습니다.

"지구와 달은 이 무게중심을 중심으로 하여 서로 반대 방향에 위치하면서 마주보며 공전하고 있는 거야."

"지구는 태양의 주위만 공전하는 줄 알았어요. 지구도 달과 같이 함께 공전한다는 것은 처음 알았어요. 결국 지구와 달이 무게중심을 가운데 놓고 함께 공전하면서 크게는 태양 주위를 공전한다는 말씀이지요?"

"그래, 지구와 달이 서로 공전하면서 같이 짝을 이루어 태양 주위를 공전한다는 걸 이해하게 되면 조석을 일으키는 힘도 쉽게 이해할 수 있어. 지구에 있는 모든 물체는 달의 인력과, 지구와 달의 공전으로 생기는 원심력을 동시에 받게 되어 있어. 달의 만유인력은 항상 달의 중심 방향으로 작용하는데 그 크기는 달까지의 거리에 따라 다르단다."

이모가 쓱쓱 노트에 지구와 달을 그렸습니다. 신우는 좀 지루한 듯 이모가 그리는 그림에만 관심을 보였습니다.

"달의 만유인력은 이 그림에서 지구의 중심 B위치에 있는 물체를 당길 때보다 달에 가까운 C위치의 물체를 더 세게 당긴단다. 상대적으로 달과 제일 많이 떨어져 있는 A 위치의 물체는 약하게 당기게 되는 거고."

"아까 두 가지의 힘이 작용한다고 하셨잖아요? 그럼 원심력은?"

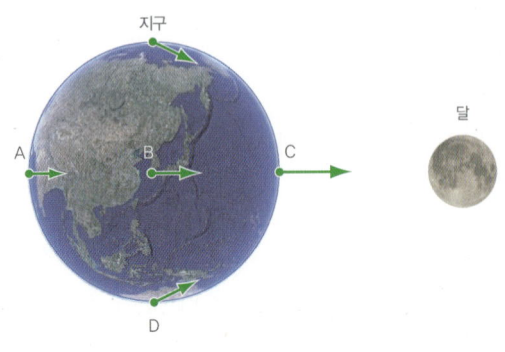

△ 달의 인력

"기억하고 있었네?! 그럼, 지구와 달의 공전에 의한 원심력 그림을 그려 볼까? 자아, 이 원심력은 달의 인력과는 조금 다르단다. 지구가 공전하는 동안 지구 위의 모든 위치에서는 같은 크기, 같은 방향의 원심력이 생긴다."

"원심력은 고르게 힘을 받는군요. 그럼 두 가지의 힘이 함께 작용하면 어떻게 되나요?"

"정우가 핵심을 찌르는데……. 그게 작용하는 위치마다 좀 다르단다. 달의 인력과 원심력은 지구의 중심에서는 서로 반대 방향으로 작용하지만 그 크기는 같아. 그런데 다른 위치에서는 크기도 조금씩 다르고 방향도 정반대가 아니라 어긋나기도 한다. 그림으로 그리면 쉽겠다."

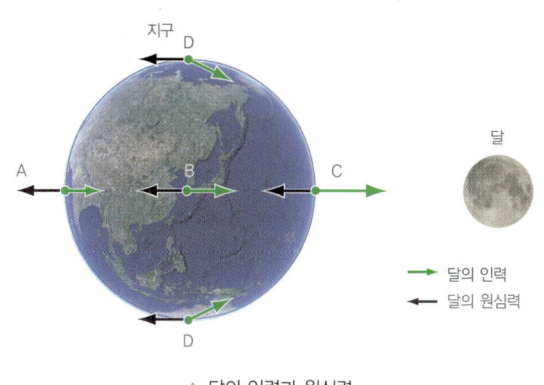

△ 달의 인력과 원심력

"어, 이렇게 차이가 많이 나요?"

"그래. 만약 어떤 물체를 양쪽에서 서로 같은 힘으로 당기고 있다면 움직이지 않겠지. 하지만 한쪽의 힘이 크거나 약간 어긋나게 당긴다면 물체가 움직이게 될 거야. 이렇게 각도가 어긋나거나 크기에 차이가 있는 달의 인력과 원심력이 합쳐지면 한쪽 방향으로 약간 치우치는 힘이 생기겠지. 이것이 바로 조석을 일으키는 힘, 기조력이라는 거야."

"그럼 지구상의 위치에 따라 기조력이 다르게 작용하겠네요."

"빙고! 지구의 중심에서는 인력과 원심력이 정확히 균

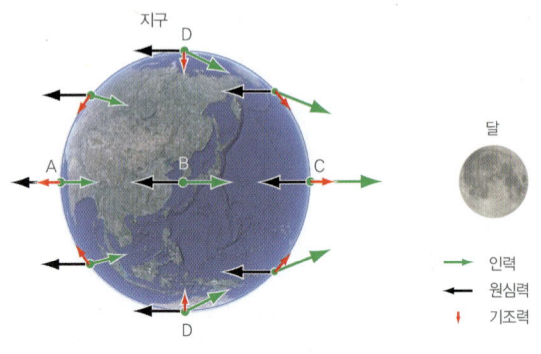

△ 달의 기조력

형을 이루기 때문에 기조력이 생기지 않지. 달과 가장 가까운 C위치에서는 인력이 원심력보다 크기 때문에 달의 방향으로 기조력이 생기고, 반대로 달에서 가장 먼 A위치에서는 원심력이 인력보다 크니까 달의 반대방향으로 기조력이 생긴단다."

"D위치에서는 좀 복잡하겠는데요."

"그래. 지구의 중심에서 볼 때 달과 직각을 이루는 D위치에서는 두 힘의 크기는 비슷한데 방향은 반대가 아니고 그림에서처럼 각도가 생기면서 지구의 중심 방향으로 기조력이 생기게 된단다."

"달과 가장 가까운 지구 표면인 C위치에서는 달의 방향으로 당겨지고, 달과 가장 먼 반대쪽 A위치에서는 달의 반대 방향으로 당겨지는 힘이 기조력이라고 하셨죠. 그럼 A와 C위치에서는 바닷물이 올라오고 지구의 중심으로 힘이 생기는 D위치에서는 바닷물이 내려가게 되겠네요?"

그림을 한참 들여다보던 정우가 조석을 일으키는 힘인 기조력을 이해했다는 듯 자랑스레 물었습니다. 이모는 잠시 그림을 보시더니 말씀을 이어가셨습니다.

"음, 이 그림만 보면 충분히 그렇게 생각할 수도 있겠구나. 실제 결과도 비슷하게 나타나기는 하지만 작용하는 힘은 좀 다르단다. 그러니 조금만 더 생각해 볼래?"

"어, 아니예요?"

"지구상에서 물체의 높이를 변하게 하는 가장 큰 힘은 지구의 중력이란다. 그런데 기조력은 A와 C지점에서 가장 큰 데 이것도 지구 중력의 천만분의 일 수준일 뿐이거든. 달의 기조력 그림에서 A, C, D 각각의 위치에서 지구의 표면과 수직인 방향으로만 기조력이 생기는데 이 힘으로는 바닷물의 높이를 거의 변하게 할 수 없단다."

"이해할 수 없어요. 기조력이 바닷물 높이를 변하게 할 수 없다니요?"

"실제로 물을 밀어 바닷물의 높이를 변하게 하는 힘은 지구 표면과 나란한 기조력의 수평분력이라는 것이란다."

"수평분력?! 너무 어려운데요."

정우가 인상을 찌푸리자 이모는 웃으면서 노트에 다른 그림을 그리셨습니다.

"지구 위의 어느 위치에서든 기조력은 지구 표면에 수직으로 작용하는 것과 나란하게 작용하는 것으로 나눌 수 있단다."

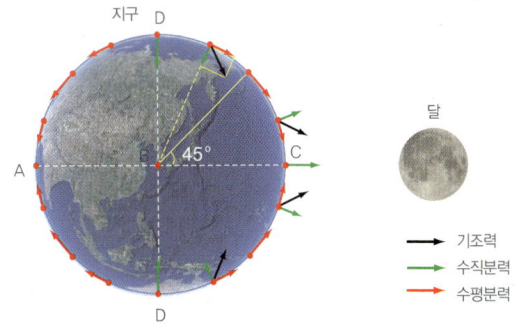

△ 기조력의 수평분력 분리

"그 중에서 지구 표면과 나란하게 작용하는 것만이 기
조력의 수평분력이라는 말씀인 거죠?"

"그래. 기조력의 수평분력을 지구 표면 위에 그려 보
면, 기조력의 분포와는 조금 다르단다. 달과 가장 가까운
C위치와 달과 가장 멀리 떨어진 A위치에서는 정확히 수직
으로 하늘 방향이어서 수평분력이 0이 되지. 그리고 달과
직각을 이루는 D위치에서는 정확히 지구 중심 방향에 수
직이므로 역시 수평분력은 0이 된단다. 하지만 C와 D의
정확히 중간인 45도 위치에서는 수평분력이 최대가 된단
다. 수평분력의 방향을 보면 달 쪽에 있는 반구 안에서는
모두 C위치를 향하게 되고, 달의 반대편 반구에서는 모두

A위치를 향하게 된단다."

"그런데 수평분력은 물을 옆으로 밀 뿐인데 어떻게 물을 밀어올리고 내려요? 또 기조력 전체가 중력의 천만분의 일로 아주 작다면 수평분력은 더 작지 않나요?"

"이해가 안 되는 모양이구나. 물론 수평분력은 아주 작은 크기의 힘이지. 자연에 존재하는 힘들을 보면 수직방향으로는 중력이라는 큰 힘이 있어서 웬만한 크기의 힘은 중력에 가려 별 역할을 못해. 하지만 수평 방향으로는 작용하는 큰 힘이 없어 아주 작은 수평분력도 상대적으로 큰 역할을 할 수 있단다."

"그래요? 그런데 수평분력이 어떻게 수직 방향으로 물을 끌어올리고 내릴 수 있지요?"

"별로 어려운 문제는 아닌데……. 조금만 더 생각해 보렴. 넓은 바다에 바람이 분다면 바닷물은 어떻게 되겠니?"

"파도가 생기고, 바람에 바닷물이 밀려가겠지요."

"그렇지. 바람에 밀려가던 바닷물이 육지를 만나 더 나아가지 못하면 어떻게 될까?"

"아, 알았어요. 밀려가던 바닷물이 해안에 막혀 더 못가면 쌓이게 되는 거지요. 그러면 해안가의 수면은 높아지겠네요."

"이해가 빠른데. 수면이 높아진 곳이 있으면 어딘가는 낮아진 곳도 있겠지. 다시 말하면 수면에 경사가 생긴다는 뜻이야. 그리고 바람이 더 세어지면 어떻게 될까?"

"바닷가에 물이 더 높이 쌓이겠지요. 수면의 경사는 더 커질 테고요."

"그래. 바닷가에 바닷물이 쌓인다는 것은 수면의 경사가 생긴다는 것을 뜻하고, 바람의 세기가 커지면 이 수면 경사도 같이 커진다는 뜻일 거야. 이것을 지구 전체로 넓혀 생각해 보면 바람의 세기에 따라 수면 경사가 생기고 그 결과 어딘가에는 수면이 높아지는 곳과 반대로 낮아지는 곳이 생기게 되는 것이겠지."

"아하, 기조력의 수평분력도 같은 작용을 한다는 말씀이군요?"

"그래. 기조력의 수평분력에 맞서 수면의 경사가 생기게 되고, 그 결과 어딘가의 수면이 높아지는 반면 또 어딘가의 수면은 낮아지는 곳이 생기게 되지."

"결국 달과 가장 가까운 C위치와 가장 먼 A위치 쪽으

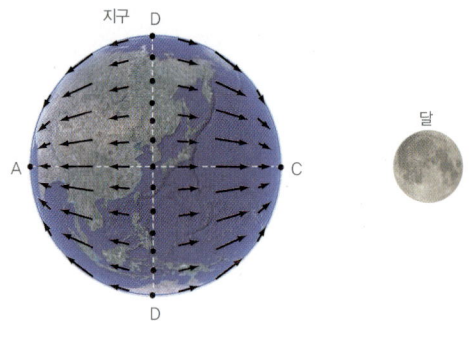

△ 기조력의 수평분력 분포

로 바닷물이 밀려올라가 고조가 되고, 달과 수직이 되는 D 위치에서는 물이 밀려나가 저조가 되겠군요."

"그래. 아까 내가 결과는 같지만 작용하는 힘이 다르다고 했었지."

"와아, 예쁘다. 지구가 럭비공처럼 생겼어요."

신우가 이모가 열심히 그리는 그림을 평했습니다.

"정말, 달과 지구 중심을 연결하는 축의 방향으로 양쪽이 불룩한 럭비공 같은데요."

"자아, 정리해 보면 '지구와 달 사이의 공전은 기조력을 만들고, 기조력의 수평분력은 바닷물을 수평 방향으로 밀어 바닷물의 높낮이를 만든다'라는 거야."

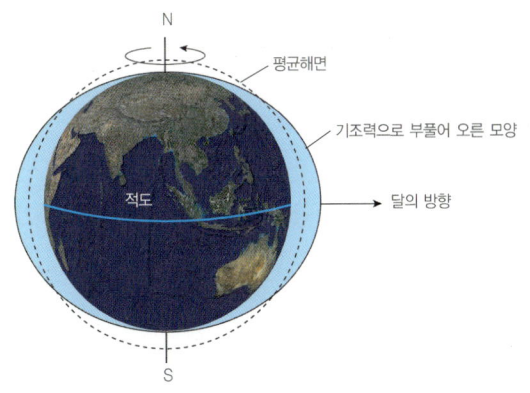

N

평균해면

기조력으로 부풀어 오른 모양

적도

달의 방향

S

△ 기조력에 의한 바닷물 높이의 변화

"네. 결과적으로 달과 가장 가까운 쪽과 가장 먼 쪽으로 바닷물이 부풀어 오른 것처럼 당겨지고요. 그건 바닷물이 밀려오는 고조로 나타난다는 말씀이죠."

"정확히 이해했구나, 정우. 이것이 전에 이야기했던 영국의 과학자 뉴턴이 설명한 조석이론으로, **평형조석론**이라고 하는 거야. 바다에서 일어나는 조석현상을 평형조석론만으로 설명하기는 어렵지만 조석을 설명하는 가장 기본적인 이론이기는 하지."

"앗, 평형조석론! 또 어려운 말이다."

신우의 말에 모두 신나게 웃었지만, 정우는 궁금증이 가시지 않았습니다. 이모가 자세히 설명해 주시기는 했는데 기조력에 대하여 생각하면 할수록 궁금한 것들이 점점 더 늘어나는 것 같아 답답했습니다.

"이모, 지구도 가만히 멈추어 있는 게 아니라 자전과 공전을 하잖아요. 지구의 자전이나 공전은 조석에 아무런 영향도 주지 않나요?"

"바로, 지구의 자전 때문에 우리가 조석을 볼 수 있는 거란다. 지구에서 달과 가장 가까운 쪽과 가장 먼 반대편 쪽으로 바닷물이 부풀어 오른다고 했잖니. 그런데 지구는 하루에 한 바퀴씩 자전을 하기 때문에 우리는 하루에 두 번의 고조와 두 번의 저조를 볼 수 있는 거야."

"무슨 말씀인지……."

"그림을 그려서 설명해 줄게. 자아, 이 그림은 북극의 높은 하늘에서 지구를 내려다본 모습을 상상해서 그려 본 거야. 지구가 자전을 하는 데도 양쪽으로 불룩한 바닷물의 높이는 그대로 있고 그 안의 지구만 돌고 있는 거란다. 만약 우리가 달과 가장 가까운 위치에 있다면 고조라고 느끼

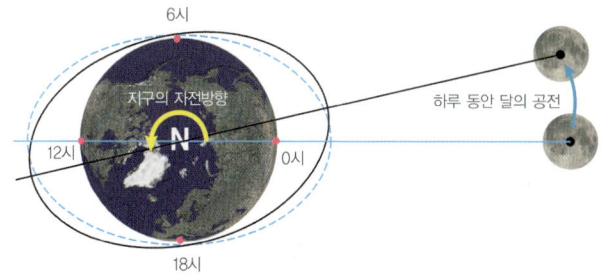

△ 지구의 자전과 달의 공전

겠지. 이때의 시간을 임의로 0시라고 정해 보자. 6시간 후
에는 지구가 자전해서 우리는 바닷물이 가장 낮은 위치에
가 있게 되고 저조라고 느끼게 될 거야. 12시간 후에는 지
구 반대쪽의 부풀어 오른 위치에 가게 될 테니까 다시 고조
를 느끼게 되고, 18시간 후에는 다시 저조를 느끼게 되겠
지."

"결국 24시간 후에는 원래의 위치로 돌아오게 되니까
다시 고조를 보게 될 거구요."

"그런데 지구가 한 바퀴 자전하는 동안 달은 공전을 하
면서 동쪽으로 약간 이동했기 때문에 정확히 고조 시간은
아니란다. 정확하게 달과 가장 가까운 위치까지 가려면 약
50분 정도의 시간이 더 필요해지지."

"아, 그래서 매일 달이 뜨는 시간이 다른 건가요?"

"그래. 달이 뜨는 시간은 매일 50분씩 늦어진단다. 그래서 지구에서 달이 다시 뜨는 시간 간격이 약 24시간 50분인 이유가 여기에 있는 것이야. 결국 달에 의한 조석은 24시간 50분 동안 2번 일어나니까 약 12시간 25분의 주기를 갖는 셈이지."

"그렇군요. 그럼 달보다 태양이 훨씬 큰데 태양은 영향을 끼치지 않나요? 왜 조석은 달과 관계가 더 깊은 것이지요?"

"앞에서 내가 만유인력이 천체의 질량에 비례한다고 했으니까 그런 궁금증이 생길 수도 있겠구나. 그건 거리 때문이란다."

"거리요?"

"태양은 달에 비해 훨씬 크고 무겁지만 달보다는 아주 멀리 떨어져 있단다. 그래서 태양의 기조력은 달의 기조력 반 정도밖에는 지구에 영향을 미치지 못해."

"태양과 지구의 거리가 멀어서 영향을 미치지 못한다는 말씀이군요."

"그렇다고 전혀 관계가 없는 것은 아니야. 태양도 지구

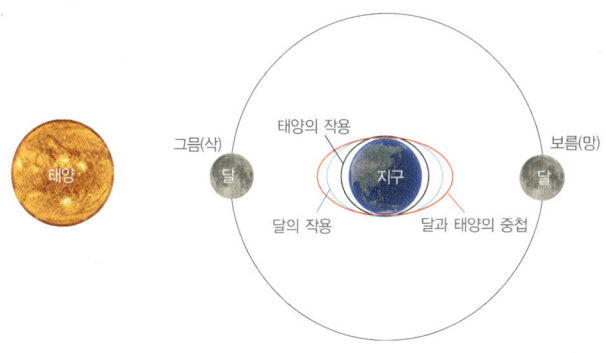

△ 사리 때의 지구와 달 그리고 태양의 위치

의 조석을 일으키는 데 큰 몫을 하고 있기는 해. 달이 지구
를 공전하는 동안에도 태양의 기조력과 달의 기조력은 지
구에 작용하는 방향이 계속 달라진단다. 보름과 그믐에는
지구와 달 그리고 태양이 거의 일직선으로 늘어서게 되지.
이때는 달과 태양의 기조력이 합쳐져 평소보다 해수면이
더 많이 부풀어 오르는 사리가 되는 거란다."

"태양이 전혀 관계가 없는 것은 아니네요."

"그럼. 그리고 상현과 하현 때에는 지구를 중심으로
달과 태양이 직각을 이루게 되는데, 이 시기에는 달의 기
조력과 태양의 기조력이 서로 상쇄되어 해수면이 가장 조
금 부풀어 오르는 조금이 되지."

△ 조금 때의 지구와 달 그리고 태양의 위치

"하하, 조금 부풀어 올라 조금인가요?"

"호호, 그건 아니지만, 그런 이유 때문에 달이 지구를 공전하는 한 달 동안 보름과 그믐에 두 차례의 사리와, 상현과 하현에 두 차례의 조금이 번갈아 나타나게 되는 거란다. 여기까지만 이해해도 조석에 대한 일반적인 것은 거의 다 이해한 거야. 하지만 한 가지만 더 짚고 넘어가자."

기울어진 달의 공전궤도

"무엇인가 조석현상을 조금 더 복잡하게 만드는 것이 있는 거로군요."

"그래. 맞았어. 문제는 달의 위치가 지구의 적도를 중심으로 계속 변한다는 거야."

"달의 위치가 변한다는 것은……."

"음. 다시 설명하면 적도를 중심으로 달이 남북 방향으로 벌어져 있는 각도를 달의 적위라고 하는데 달의 적위가 한 달 주기로 최대 남위 28.5도에서 북위 28.5도 사이에서 변한다는 거야."

이모는 노트를 한 장 넘겨 새로운 그림을 그렸습니다.

"달의 기조력으로 바닷물이 부풀어 오른 모습은 달과 달 반대쪽으로 대칭이라는 것은 이미 알고 있지. 하지만 이 그림처럼 달이 적도에 있지 않으면 지축_{지구가 자전하는 중심축}에 대해서는 대칭이 아니란다. 달과 가장 가까운 A위치에 있는 사람은 지금 고조라고 느낄 거야. 그런데 아까 이야기한 것처럼 지구는 자전하므로 12시간 25분 후에는 A위치가 달의 반대쪽으로 돌아가 다시 고조를 느끼게 될 거야. 그런데 잘 보면 약간 차이가 있어. 처음 고조는 가장 높이

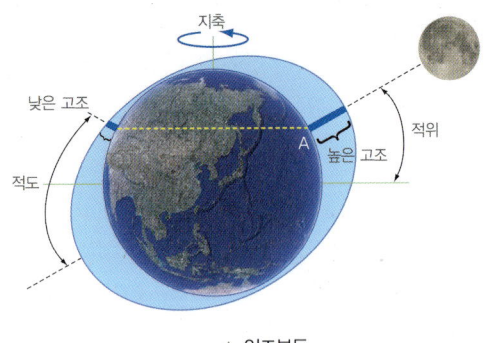

부풀어 오른 중심 근처에 있어서 높은 고조를 느끼지만 다음의 고조는 부풀어 오른 중심에서 조금 떨어져 있기 때문에 낮은 고조를 느끼게 된다. 이렇게 하루에 두 번씩 나타나는 고조와 저조의 높이가 달라지는 것을 일조부등이라고 한단다."

"결국, 달이 적도에 있지 않을 때 일조부등이 생긴다는 정도로 이해하면 되죠?"

"그래. 사실 조석은 지구와 달, 태양의 움직임 때문에 조금 더 복잡하지만 여기서는 이 정도만 설명하기로 하자."

설명을 마친 이모는 전에 그렸던 그림 하나를 찾아서 보여 주시며 물었습니다.

"이 그림 생각나지? 한 달 동안의 바닷물 높이 변화를

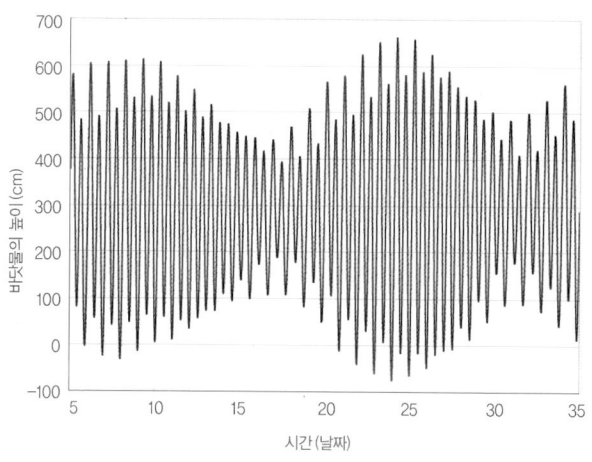

△ 한 달 동안의 조위 변화

그린 그래프."

"네."

"이제 이 그림에서 달의 모양에 따라 사리^{대조}와 조금^{조소}이 나타나는 이유를 알겠지. 일조부등을 찾을 수 있겠어?"

"여기요."

처음 그림을 보았을 때는 무심코 넘어갔지만 이제는 그림 위에서 한 달에 두 번씩 사리와 조금이 반복되고 하루 동안 높은 고조와 낮은 고조가 차이가 있다는 것을 찾을 수 있었습니다(여러분도 한번 찾아보세요).

평형조석론은 뉴턴이 제시한 이론으로 조석이 일어나는 이유를 명확히 설명하기는 했지만 약간의 한계도 있다. 뉴턴의 평형조석론으로 보면 달의 바로 아래와 반대편에서 항상 고조가 일어나야 하고 90도 되는 위치에서는 항상 저조가 일어나야 하는데 실제는 그렇지 않다. 이는 평형조석론을 제시할 때 조석을 간단히 설명하기 위해 물의 관성을 무시했기 때문이다. 즉, 물의 관성을 무시하고 바다는 언제 어느 때나 즉각 기조력수평 성분과 평형을 이룬다고 본 것이다. 물론 뉴턴도 자신이 제기한 평형조석론의 한계를 잘 알고 있었다.

그러나 이 한계를 넘고 물의 관성을 고려한 조석론은, 뉴턴보다 약 100년 후 라플라스Laplace에 의해 제시되었다. 라플라스는 물의 관성을 고려하면 조석은 정지해 있는 것이 아니라 파동의 하나, 즉 조석파로 전파하는 것이라고 설명했다. 물결이 퍼져 나가는 것처럼 고조와 저조가 달의 위치와 관계없이 여러 곳에서 일어날 수 있다는 점이 비로소 설명된 것이다. 이 이론을 **동력학적 조석론**이라고 한다.

사실 라플라스의 동력학적 조석론도 조석을 설명하기에 완전한 것은 아니었다. 물의 관성을 고려했다고는 하지만, 바다의 깊이나 대륙의 분포, 그리고 지구의 자전에 따른 전향력움직이는 물체가 북반구에서는 오른쪽으로 편향되게 하는 힘 효과 같은 것은 전혀 고려되지 않았다. 조석이론에 수심이나 대륙 분포, 해안선 형태, 전향력 등의 모든 효과가 고려된 것은 그로부터도 한참 후의 일이다.

서해의 조석이 동해보다 큰 이유는 동력학적 조석론으로 설명할 수 있다. 먼저, 조석파가 진행하는 속도는 수심에 따라 달라진다는 것을 알아야 한다. 수심이 깊은 바다에서는 조석파의 전달속도가 아주 빠르지만 수심이 얕아질수록 진행속도는 느려진다. 서해의 조석은 태평양에서 발생한 조석이 전파되어 온 것이다. 수심이 깊은 태평양에서 조석은 진행속도가 무척 빠르고 파(波)의 길이가 길지만 조차는 수십 센티미터밖에 되지 않는다. 그런데 수심이 얕은 서해로 조석이 들어오면 속도가 느려지고 파의 길이가 짧아지는 대신에 진폭이 크게 증가한다. 또 다른 이유로는 바다의 수심과 크기, 그리고 조석의 주기가 특별한 조건을 만족하여 발생하는 공명이 있다. 서해바다의 수심과 크기는 조석파가 공명하여 크기를 증가시키는 조건에 가깝다. 이에 비해 동해의 수심과 지형은 이런 공명을 일으키는 조건이 아니다. 세계에서 조차가 가장 큰 캐나다의 펀디 만은 이러한 조건에 가장 근접한 바다이다.

조석과 조류를 미리 알 수 있나요?

조석달력

외할아버지 방에는 커다란 달력이 걸려 있습니다. 시력이 좋지 않으신 외할아버지가 멀리서도 알아볼 수 있게 아주 큰 글씨로 날짜가 적혀 있습니다. 이 달력의 날짜 아래에는 암호 같은 그림, 한자 그리고 숫자들이 가득 채워져 있습니다. 궁금한 것이 있으면 참지를 못하는 신우가 할아버지께 여쭈어 봤습니다.

"할아버지, 여기 달력에 적혀 있는 이 숫자들은 다 뭐예요?"

"어디? 무엇을 말하는 것이냐?"

"여기 달력의 날짜 밑에 적혀 있는 작은 숫자들이요."

"응, 그것은 조석달력으로 물때달력이라고도 하는 거

란다. 여기의 숫자는 음력 날짜를 적어 놓은 것이고, 이것은 이 동네에 고조 또는 저조가 되는 시간과 그때의 바닷물 높이, 즉 조위를 표시한 거란다. 이 동네에 오래 산 사람들은 경험으로 언제쯤 물이 들어오고 빠지는지를 알고 있지만 난 아직 그렇지 못 하거든. 그래서 이 달력을 보고 그날의 조석을 알아보는 것이지."

△ 외할아버지 방에 걸려 있는 조석달력

"여기 '1물', '2물'이라고 적혀 있는데 이건 무슨 뜻인가요?"

"그건 바닷가에 사는 사람들이 사용하는 '물때'라는 거야. 물때는 음력 날짜를 사리[대조]와 조금[소조]에 맞추어 다르게 표현한 거란다. 보통 음력으로 1일은 달이 없는 그믐이고 15일은 보름이 되는데, 이제 너희도 알다시피 이날 무렵에는 사리가 되잖니. 음력 8일과 23일 정도면 조금이 되고, 조금 다음날은 무시라고 하는데 무시 다음날부터

1물, 2물 하는 식으로 숫자가 커지게 된다. 그렇다면 6, 7, 8물 정도라면 사리 때라는 것을 이제 너희도 알 수 있겠지."

"조금에서 일주일쯤 뒤가 사리이니까 그렇겠네요. 그런데 이 달력을 만든 사람은 어떻게 이 동네의 조석을 이렇게 미리 알고 있는 건가요? 이모는 동네마다 조석이 조금씩 다르다고 했는데요."

정우가 궁금증을 참지 못하고 할아버지께 여쭈어 봤습니다.

"허허, 정우가 아주 좋은 지적을 했다. 이 달력의 조석은 정확히 우리 동네의 것은 아니란다. 여기서 가까운 큰 항구의 것이지. 그 항구는 오래된 항구이기 때문에 수십 년 동안 조석을 관측해 왔단다. 여러 해 거듭해 관측한 조석자료를 모아서 그것을 이용해 미래의 조석을 예측하는 거란다."

음력과 물때

지역별로 물때를 부르는 명칭이 조금씩 다르다. 대체로 서해안에서는 숫자가 붙은 물때의 명칭을 주로 사용하고, 남해안에서는 신체 부위로 붙인 명칭을 주로 사용한다. 아래 표는 물때의 명칭을 나타낸 것이지만 일정하지는 않다. 지역마다 그 곳에 사는 사람들이 좋아하는 명칭을 혼용해서 사용하는 것으로 보인다.

▽ 물때의 명칭들

음력 날짜	숫자로 된 명칭	신체부위로 된 명칭
1일, 16일	7물	턱사리
2일, 17일	8물	한사리
3일, 18일	9물	목사리
4일, 19일	10물	어깨사리
5일, 20일	11물	허리사리
6일, 21일	12물	한꺽기
7일, 22일	13물	두꺽기
8일, 23일	조금	선조금
9일, 24일	무시	앉은조금
10일, 25일	1물	한조금
11일, 26일	2물	한매
12일, 27일	3물	두매
13일, 28일	4물	무릎사리
14일, 29일	5물	배꼽사리
15일, 30일	6물	가슴사리

예를 들어 외할아버지 방의 달력에는 주로 숫자가 붙여진 명칭이 사용되었는데, 12물과 13물은 각각 한꺽기와 두꺽기로 표시되어 있었다.

앞서 설명한 대로 지구, 달 그리고 태양의 관계만으로 보면 보름과 그믐에 사리^{대조}가 생겨야 하는데, 실제로는 보름이나 그믐에서 하루 정도 지난 뒤에 사리가 발생한다. 이것은 달의 기조력과 이로 인해 일어나는 조석 사이에 물의 관성 때문에 약간의 시차가 생긴 탓이다. 음력 날짜가 달의 모양과 정확히 일치하지 않는 또 다른 이유이기도 하다. 보름에서 그 다음 보름까지 걸리는 시간을 보통 **삭망월**이라고 하는데 이것이 매달 꼭 같은 것은 아니다. 평균하면 약 29.53일이 되는데 이것을 평균삭망월이라 한다. 그래서 음력은 한 달이 30일 또는 29일로 구성되는 것이다. 그러다 보니 실제 달의 모양과 음력의 날짜는 하루 이틀 정도 차이가 생길 수 있다.

다음날 정우와 신우는 이모와 함께 큰 항구로 구경을 나갔습니다. 물건을 나르는 거대한 화물선과 멀리 있는 섬들을 오가는 여객선들이 신기했습니다. 이모가 우리들을 부두 옆에 있는 작은 집처럼 생긴 곳으로 데려가셨습니다. '조위관측소'라는 팻말이 붙어 있었습니다.

"조위관측소? 이모, 여기는 뭐하는 곳이에요?"

"여기는 조위관측소라고 하는데 바닷물의 높이 변화, 즉 조석의 변화를 관측하는 곳이란다."

신우의 질문에 이모가 설명을 하고 있을 때, 마침 조위관측소 문을 열고 나오는 사람이 있었습니다. 신우가 느닷

△ 왼쪽 목포 조위관측소와 오른쪽 통영 조위관측소

없이 처음 보는 사람에게 말을 걸었습니다.

"안녕하세요? 아저씨가 이곳에서 매일매일 조석을 관측하시나요?"

갑작스런 질문에 잠깐 당황하셨던 아저씨는 신우에게 어디에서 왔는지를 물으셨습니다. 그리고 조위관측소가 무엇을 하는 곳인지 아는가를 물어보시더니 조석 관측에 관한 이야기를 해 주셨습니다.

"나는 국립해양조사원이라는 곳에 근무하는 공무원이란다. 여기가 조석을 관측하는 곳은 맞지만 사람들이 직접 조석을 관측하는 것은 아니란다. 여러 가지 장비를 이용해서 자동으로 조위를 관측하지. 관측된 자료는 이곳에 기록되기도 하지만, 내가 근무하는 사무실은 물론 인천에 있는 국립해양조사원 컴퓨터로 전송된단다. 지금은 정기적인 관측소 점검을 위해 잠깐 들렀던 참이란다."

"선생님, 조석을 관측하는 것이 고기를 잡는 데 얼마나 중요한 일인가요?"

"조석에 관한 정보는 단순히 고기잡이나 배의 항해에만 이용하는 것은 아니란다. 해일이나 높은 파도의 피해를 막기 위해서는 바닷가에 얼마나 높이 둑을 쌓아야 하는지,

우리가 살고 있는 땅의 높이가 얼마나 되는지와 같은 다양한 기준을 제공하여 사람들이 편리하고 안전하게 살아가는 데 도움을 준다. 그래서 세계 어느 나라든지 조석에 관련된 정보는 국가가 관리를 한단다. 우리나라에서는 국립해양조사원에서 조석을 관측하고 분석할 뿐만 아니라 예보하는 일까지 맡고 있지. 2008년 현재, 국립해양조사원은 여기를 포함해서 우리나라 연안 36곳에 조위관측소를 설치해 조위의 변화를 관측하고 있단다."

정우는 조석이 어떤 일을 하는 데 이용되며 조석에 관한 정보가 어떤 식으로 이용되는지를 더 묻고 싶었지만, 처음 뵙기도 하고 바쁘신 것 같아 해양조사원의 아저씨를 보내 드렸습니다. 다음에 혼자 공부를 하거나 이모에게 꼭 여쭤 봐야겠다고 마음 먹었습니다.

조위와 조류의
관측원리

| 조위 | 조위는 여러 가지 원리를 이용하여 측정한다. 그중의 하나는 바다 바닥에 수압을 측정할 수 있는 장치를 설치하는 방법이다. 물속에서 느끼는 수압은 그 위에 있는 물의 높이와 거의 비례한다. 바닷속으로 깊이 내려갈수록 수압이 증가한다는 뜻이다. 장비에서 측정된 수압과 바닷물의 밀도로 조위를 계산하게 된다. 다른 방법은 기록장치가 연결되어 있는 부표를 물위에 띄우는 것이다. 부표는 바닷물의 높이 변화에 따라 함께 오르내리는데 여기에 연결된 장치로 부표의 높이 변화를 기록한다. 또 다른 방법은 레이더와 비슷한 원리를 이용하는 것으로, 바닷물의 표면보다 높은 위치에서 바다를 향해 극초단파를 쏘아서 바닷물의 표면에 반사되어 돌아오는 신호를 감지하는 것이다. 극초단파가 반사되어 되돌아오는 시간으로 바닷물과 장치 사이의 거리를 계산할 수 있다. 장치의 높이를 알고 있다면 조위는 쉽게 계산된다.

일반적으로 중요한 조위관측소에는 검조정을 설치한다. 검조정은 관측장비를 둘러싸고 있는 우물과 같은 구조물로, 검조정 아래쪽에는 작은 구멍들이 여러 개 뚫려 있어서 바닷물이 드나들 수 있도록 되어 있다. 검조정의 역할은 장비를 보호하는 것이 기본이며, 검조정 내부의 조위가 안정되도록 하는 역할도 한다. 검조정 아래의 작은 구멍들은 파도와 같이 빠르게

변하는 바닷물 높이의 변화는 전하지 않고 조석 때문에 느리게 변하는 조위의 변화만을 전하게 되어 있다.

| 조류 | 조석의 전체적인 특성을 파악하기 위해서는 조위와 더불어 조류도 관측해야 한다. 조류를 측정할 때는 바닷물이 흐르는 속도뿐만 아니라 흐르는 방향도 측정해야 하는데, 조류를 관측하는 원리도 여러 가지가 있다.

바람이 불면 바람개비가 돌아가듯이 흐르는 물속에 로터^{회전자}를 넣으면 돌아가게 된다. 여기에 베인^{날개 판}을 붙이면 바닷물이 흐르는 방향까지 알 수 있다. 이를 아주 전통적인 방법으로 **로터식** 관측이라 한다.

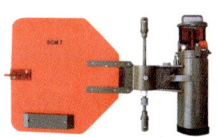
△ 로터식 조류계

최근에는 음파의 특성을 이용하는 **음파식** 해류계가 개발되어 많이 사용되고 있다. 물속에서 음파를 발생시키면 음파는 물에 떠다니는 작은 입자에 반사되어 되돌아온다. 이때 조류를 따라 움직이는 입자에 반사된 음파는 쏘아 보낸 음파와 특성이 달라지는데, 이를 도플러효과라고 한다. 변화된 음파의 특성을 분석해서 조류의 속도와 방향을 계산할 수 있다.

△ 음파식 조류계
(중심부의 붉은색이 장비)

로터식의 경우 로터가 설치된 수심에서만 조류를 측정할 수 있지만, 음파식을 사용하는 경우에는 음파를 쏘아 보낸 방향을 따라 여러 수심에서 조류를 동시에 관측할 수 있다는 장점이 있다.

△ 부표식 조류계

또 다른 방법으로 **부표식** 방식도 있다. 부표를 띄워 조류를 따라 이동하게 하여 부표의 위치와 시간을 기록한다. 만약 1분 동안 60미터 떨어진 위치로 이동했다면 그 사이의 조류 속도는 초속 1미터라는 것을 알 수 있다. 조류의 방향은 처음 위치로부터 다음 위치의 방향이 된다. 요즘에는 위치를 알려 주는 GPS시스템과 인공위성을 이용해서 자료를 보내는 장치가 장착된 부표가 사용되기도 한다.

일반적으로 수 킬로미터 정도 거리 안에서 조위의 변화는 거의 동일하게 나타난다. 하지만 조류는 가까운 거리에서도 크기와 방향이 심하게 차이가 날 수 있다. 어떤 항구에서 항구 안과 밖은 거의 비슷한 시간에 고조와 저조가 일어나고 조차도 거의 비슷한 데 비해 조류는 항구 밖과 항구 안이 크게 다를 수 있다는 의미이다. 그래서 조류를 관측하는 것이 조위를 관측하는 것보다 어려울 때가 많다.

조석예보

집으로 돌아온 정우는 외할아버지의 달력에 고조와 저조의 시각과 그때의 조위가 기록되어 있는 것을 확인하니 더욱 신기한 느낌이 들었습니다.

"이모, 조석을 관측해서 예보를 한다는 것 같은데 어떻게 매일매일의 고조와 저조 시각과, 조위를 계산할 수 있나요?"

"조석을 미리 예측하는 것을 조석예보라고 하는데, 조석을 관측해서 분석하면 조석을 예보할 수 있단다. 우리나라에서는 국립해양조사원에서 조석예보를 해. 일기예보처럼 여러 사람들이 활용할 수 있도록 미리 알려 주는 거지. 조석예보를 위해서는 조석을 일으키는 달과 태양의 정확한 움직임과 조석에 대한 지식, 그리고 너희들이 이해하기에는 어려운 몇 가지 수학적 계산과정이 필요하단다."

"많이 어렵나요?"

"아마, 원리는 너희도 이해할 수 있을 거야."

이모는 지금까지 설명하면서 그림을 그렸던 노트를 가져와 그래프를 하나 그렸습니다.

"여기에 있는 곡선이 하루 동안의 조위 변화를 그린 것

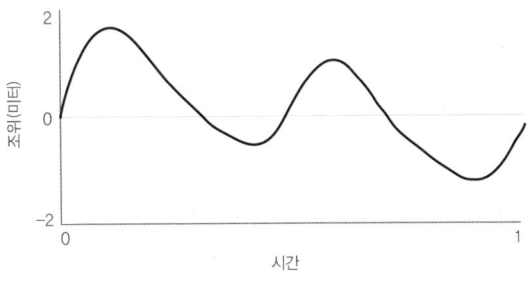

△ 어느 하루 동안의 조위 변화(예)

이라고 생각하자. 첫날 조석현상을 이야기하면서 보여 줬던 하루 동안의 조위를 모눈종이에 기록한 모양과 비슷하지. 이 그림만 보면 어떻게 그렸는지 특별한 규칙을 찾을 수 없어 보이지. 그런데 이 그림은 정현파 3개를 합친 것으로 비교적 쉽게 그려진 거란다."

"정현파요? 그게……."

"어렵게 생각하지 말고, 기타를 칠 때 기타 줄을 튕기면 줄의 양쪽 끝은 고정되어 있지만 줄의 중간 부분은 위아래로 진동하잖아. 이때 생기는 진동의 모습을 정현파라고 하는 거야. 정현파를 만드는 원리는 이 그림에서……."

이모는 또 쓱쓱 그래프를 그려 나가셨습니다.

"왼쪽에 있는 원판 위에 마음대로 점을 하나 찍어 그

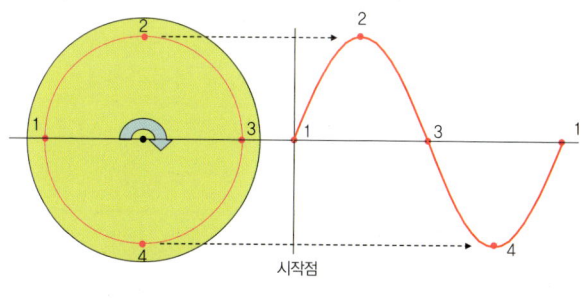

△ 정현파

점을 1이라고 하자. 이때 점의 높이는 원판의 중심 높이와 같아야 한다. 이제 원판을 시계방향으로 90도 돌리면 점은 2의 위치에 오게 되고 이때 점은 가장 높은 위치에 있게 된다. 여기서 점을 다시 90도를 더 돌리면……."

"점은 3의 위치에 오게 되고 이때 점은 원판의 중심 높이와 다시 같아지겠죠. 그리고 다시 90도를 더 돌리면 점은 4의 위치에 오게 되고 점은 가장 낮은 위치에 있게 되구요. 그게 설명하시는 정현파와 무슨 관계가 있는 거죠?"

"잠깐, 거기서 다시 90도를 더 돌리면 점은 원래 자리인 1의 위치로 되돌아오겠지. 이렇게 원판을 돌리면서 각각의 각도에 따라 변하는 점의 높이를 연장해서 이어 그리면 오른쪽에 있는 곡선이 그려지겠지. 이 곡선을 바로 정현파라고 하는 거야."

"알 것도 같고 모를 것도 같고 좀 헷갈리네요."

"그럼 왼쪽 원판을 여러 번 돌리면 어떻게 될지 생각해
봐."

"같은 점은 아무리 여러 번 돌려도 높이가 같으니까 왼
쪽의 곡선은 똑같은 모양이 반복해서 그려지겠죠."

"잘 이해하고 있네. 그럼 처음 시작하는 점의 위치가
달라지면 어떨까?"

이모가 정현파 설명을 하면서 그린 원판 그림과 그래프
좌표축만을 그리고 원판 위에 색연필로 점 3개를 찍으며
말씀을 이어 나가셨습니다.

"이 원판에 파랑, 녹색, 빨강의 3개의 점을 찍어 놓았
잖아. 이 각각의 점에서 원판을 돌려 정현파를 그리면 어
떻게 될까? 그려볼 수 있겠니?"

"그건 어렵지 않을 것 같은데요. 이렇게 판을 돌리면서
점을 찍어 연결하면……."

정우가 이모의 색연필을 빌려 높이를 연결해 3개의 정
현파를 그렸습니다.

"완벽한 걸. 그림에서 파란색 점처럼 시작하는 위치를

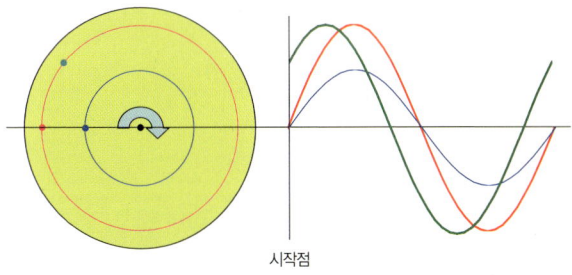

시작점

△ 정현파의 위상과 진폭

중심에서 가까이 두면 점이 움직이는 높이 차이가 작아지고, 초록색 점처럼 시작하는 각도가 달라지면 전체적으로 앞이나 뒤로 밀리게 되는 것을 아주 정확하게 짚어냈는데."

"그냥 이모가 그렸던 순서대로 따라했을 뿐인데요, 뭘."

"그러면서 알아가는 법이거든. 이 그림에서 시작하는 점과 중심의 거리를 정현파의 진폭이라 하고, 시작하는 점의 각도는 위상이라 한단다. 여기서 원판이 돌아가는 속도가 빨라지면 주기가 짧아져서 같은 시간 동안에도 여러 번 오르내리는 것을 반복하지만 원판을 느리게 돌리면 주기가 길어져서 오르내리는 횟수가 줄어든다는 것은 이제 알겠지?!"

"네에."

"이렇게 정현파의 모양을 결정하는 요소는 주기, 진폭, 위상의 세 가지야. 아까 내가 보여 줬던 하루 동안의 조위 변화 곡선은 주기, 진폭, 위상이 다른 3개의 정현파를 합쳐 놓았을 때 생기는 모습이고."

"네? 곡선을 합친다구요?"

"다음 그림에서 붉은색, 파란색, 초록색 선은 모양이 다른 3개의 정현파란다. 중심 높이를 0이라 하고 3개를 겹쳐서 그려 볼까? 높이가 0인 선을 중심으로 위에 있는 것

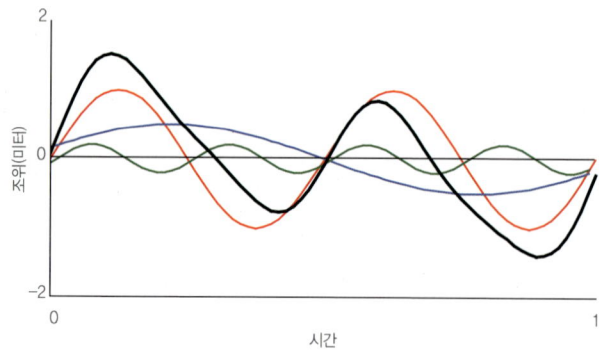

△ 정현파들의 조합

은 양의 높이가 되고 아래에 있으면 음의 높이가 되는 거야. 어느 시간에 각 정현파가 모두 양의 값이나 음의 값이면 더해져서 큰 양의 값 또는 음의 값이 될 거야. 하지만 어느 시간에 양의 값과 음의 값이 섞여 있으면 0에 가까운 값이 될 거야. 이렇게 합쳐진 값들을 연결해 곡선으로 그리면 앞에서 본 것과 같은 검은색 곡선이 되는 거지."

"그 검은 곡선은 조위 변화의 곡선이란 거구요. 실제 바닷물 높이의 변화를 정현파들의 조합으로 비슷하게 만들 수 있다는 것이 신기한데요."

"몇 년 이상 조석을 관측하면 바닷물의 높이 변화를 여러 개의 정현파 성분들로 분리할 수 있단다. 각각의 정현파들은 조석을 이루는 성분이라는 뜻으로 분조라고 하지. 나는 그림을 그릴 때에 설명을 쉽게 하기 위해 3개의 성분만을 보여 주었지만, 달과 태양의 운동으로 만들어지는 분조는 수도 없이 많아. 그렇지만 바다에서는 10개 이내의 분조 조합으로 90퍼센트 이상 조석을 나타낼 수 있단다."

조화분석과
조석예보

우리나라의 서해안이나 남해안처럼 조차가 큰 바닷가에서는 조석의 특성을 잘 이해하고 미리 예측하는 것이 중요하다. 오래 전부터 고기잡이나 항해뿐만 아니라 군사작전, 해양자원의 이용, 농경지 보호 등 국가적 차원의 여러 가지 목적을 위해 조석예측이 필요했다. 물론 바닷가에서 오랫동안 살아온 사람들은 경험적으로 조석의 변화를 개략적으로 예측하여 생활에 이용하기도 했지만, 정확한 조석예보가 가능해진 것은 근대 이후이다.

오랜 기간 동안 조석을 관측, 분석하면 각 분조의 진폭과 위상인 조화상수를 계산할 수 있는데 이 과정은 조화분석이라고 한다. 지역별로 조화상수는 다르지만 특별한 상황이 벌어지지 않는 한 같은 위치에서는 시간이 지나도 거의 변하지 않고 일정하다. 조석예보는 조화상수를 이용해 필요한 시간의 조석을 계산해 내는 것이다. 이 계산은 복잡한 수학 계산이 많이 들어가므로 매우 귀찮은 일이기도 하다. 지금은 컴퓨터로 간단히 계산해 내고 있지만, 컴퓨터가 없던 시절에는 아무나 할 수 있는 일이 아니었다.

옛날에는 조석예보기라는 톱니바퀴와 도르래로 구성된 기계를 만들어 사용했었다. 최초의 조석예보기는 1873년 영국에서 만들어졌으며 1960년대까지 사용했다.

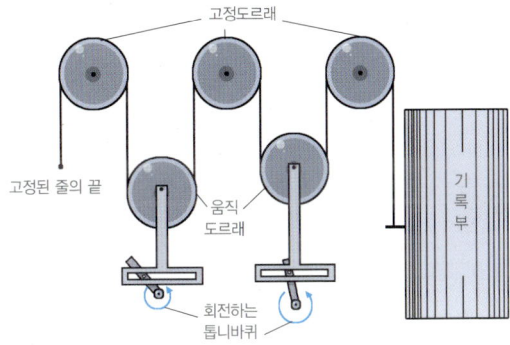

고정도르래

고정된 줄의 끝

움직
도르래

기
록
부

회전하는
톱니바퀴

△ 조석예보기의 원리

가운데 막대에 연결된 톱니바퀴 하나가 한 개의 분조에 해당한다. 톱니바퀴에 분조의 진폭과 위상을 조정한 후 톱니바퀴를 돌리면 기계 끝에 설치된 그래프용지에 조석 곡선이 그려지도록 되어 있다. 1966년이 되어서야 컴퓨터를 이용한 조석예보가 시작되었고 지금은 모든 사람들이 조석예보의 혜택을 누리고 있다. 현대에 와서는 컴퓨터를 이용해 조석과 조류의 움직임을 수학적으로 계산할 수 있어서 조류의 움직임도 미리 예측할 수 있게 되었다.

다섯 번째 이야기

바닷길은 어떻게 열리나요?

섬에 갇히다

오후에 바닷가로 놀러 나간 정우와 신우는 여기저기 신기한 것투성이라 구경하는 재미에 시간가는 줄 몰랐습니다. 외할아버지 동네로부터 조금 떨어진 곳까지 나갔다가 해안에서 조금 떨어진 곳에 육지와 연결된, 동산처럼 생긴 작은 섬을 발견했습니다. 사람이 살 것 같지 않은 작은 섬은 높은 곳에 몇 그루의 나무와 덤불이 있었지만 대부분 바위와 돌로 둘러싸여 있었습니다. 섬까지는 갯벌 위에 단단한 흙과 자갈로 덮인 야트막한 둔덕이 길처럼 이어져 있었습니다.

정우와 신우는 길을 따라 둔덕을 올라가 작은 섬으로 들어갔습니다. 섬의 여기저기 바위틈에는 갯벌에서 볼 수 없었던 것들이 많이 눈에 띄었습니다. 섬의 뒤쪽까지 가서 바위 사이에 숨어 있는 게를 잡아 누구 것이 더 큰지를 경쟁하며 정말 즐거운 시간을 보냈습니다. 한참을 놀다보니 목도 마르고 그만 집으로 돌아가야겠다는 생각에 정우가 먼저 일어섰습니다.

"신우야, 오늘은 그만 돌아가자. 내일 다시 와서 놀자."

"그래, 형. 그만 집에 가자."

신우도 순순히 따라 일어섰습니다. 집으로 돌아가려고 섬으로 들어왔던 쪽으로 돌아 나오던 정우와 신우는 깜짝 놀랐습니다. 육지와 연결되어 있던 갯벌로 된 길이 없어졌습니다. 어느새 주위는 온통 바닷물이 들어찼습니다. 두 형제가 건너왔던 둔덕도 어디인지 찾을 수 없었습니다. 울상이 된 신우는 발을 동동 굴렀습니다.

"형, 이제 어떻게 해. 길이 완전히 없어졌어."

"어떻게 하지?! 우리가 물이 들어오는 것도 모르고 너무 놀았나 봐."

놀라고 당황한 것은 정우도 마찬가지였지만, 정우는 자신이 형이니 동생을 안심시켜야겠다고 생각했습니다.

"우리 이제 집에 못가는 거야?"

"걱정하지 마. 아무 일도 없을 거야. 나무들을 보면 위까지는 바닷물이 차지 않을 테니까 여기서 기다리다 보면 물이 다시 빠질 거야."

"하지만 얼마나 오래 기다려야 하는데? 난 벌써 목도 마르고 배도 고프단 말야."

신우가 금방이라도 울듯이 울먹이자 정우도 불안해 졌습니다. 그때 정우는 이모가 설명해 주신 조석에 관한 이야기를 떠올리며 신우를 안심시켰습니다.

"신우야, 이모가 6시간 간격으로 고조와 저조가 일어난다고 말씀하셨잖아. 아무리 길어도 6시간만 기다리면 다시 길이 나타날 거야. 그럼 우리는 나갈 수 있어."

어쩌면 오래 기다려야 할지도 모른다고 마음을 단단히 먹어서 그런지 두 형제는 손을 꼭 잡고 침착하게 앉아서 시간이 흐르기를 기다렸습니다.

다행히 기다리는 시간이 그리 길지는 않았습니다. 조카들이 늦도록 집으로 돌아오지 않자 두 사람을 찾아 나섰던 이모가 건너편에서 섬에 갇힌 형제를 발견하셨기 때문입니다. 이모의 연락을 받고 동네 어른들이 배를 띄워 섬까지 데리러 건너와 주어서 무사히 집으로 돌아올 수 있었습니다. 걱정스럽게 기다리시던 외할머니가 허둥지둥 돌아온 두 손자를 꼭 안아 주시는 것으로 소동은 끝이 났습니다. 섬에 갇히게 된 자초지종을 다 들으신 외할아버지께서 말씀하셨습니다.

"섬에 갇혔다고 수영을 하거나 해서 성급하게 빠져나오려고 하지 않고 물이 빠질 때까지 기다리려고 했던 것은 그 상황에서 아주 잘한 생각이었다. 억지로 빠져 나오려고 바닷물에 뛰어들었다면 썰물에 휩쓸려서 아주 큰 일이 생길 수도 있었거든."

"지난번에 할아버지께서 바다는 가끔씩 거칠고 위험할 때가 있다고 말씀하셨을 때에는 잘 이해가 되지 않았는데, 이제는 알 것 같아요. 바다가 무섭다는 걸."

"허허, 너희들이 단단히 놀란 모양이구나. 그래, 자연은 늘 순한 것 같다가도 사람이 안심하고 있으면 한 번씩 자신의 존재를 확인시켜 준단다."

"아버지, 애들 마음도 진정 시킬 겸 재밌는 옛날이야기라도 하나 해 주세요."

"어쨌든 모두들 무사하니, 그럼 재미있는 옛날이야기

를 하나 해주마."

"와아."

"옛날 옛적에 제주도로 유배를 가던 손 동지라는 사람이 있었단다. 배를 타고 제주도로 가던 중에 그만 심한 풍랑을 만나서 진도에 있는 회동이라는 곳으로 떠밀려가게 되었지. 어쩔 수 없이 그곳에 머물러 마을을 이루어 살게 되었더란다.

그러던 어느 날 마을에 호랑이들이 자주 나타나 사람들을 해치자 마을사람들은 모두 바다 건너편에 있는 모도라는 섬으로 피신하기로 결정을 했단다. 그런데 어쩌다보니 그만 뽕 할머니 혼자만 마을에 남겨 두게 되었단다. 뽕 할머니는 헤어진 가족을 그리워하며 매일 바닷가에 나와 기원을 했단다. 그렇게 몇 날 며칠이 지났는데 하루는 꿈속에 용왕님이 나타나 '내일 바다 위에 무지개를 내릴 테니 건너가도록 해라.'라고 말씀을 하셨단다.

다음날, 뽕 할머니가 기쁜 마음으로 모도 앞바다에 나가서 기다리고 있는데 갑자기 바닷길이 쫙 열리더란다. 모도로 피신을 가 있던 마을사람들이 징과 꽹과리를 치며 바닷길을 건너 뽕 할머니를 마중 나왔지. 뽕 할머니는 '너희

들을 다시 만났으니 이제 여한이 없다.'는 말을 남기고 그
만 숨을 거두고 말았단다. 진도의 회동마을에서는 지금도
미안한 마음에 매년 뽕 할머니를 기리는 제사를 지내고 있
다고 한다."

"와아, 재밌어요. 또 해 주세요, 할아버지."

"잠깐만. 할아버지, 정말 바다가 갈라져서 길이 생길
수 있을까요? 어디서 들어 본 것 같기도 하구요."

"바다가 갈라지는 현상은 자연현상 중의 하나란다. 지
금도 바닷길이 열리는 곳은 많아."

"정말요?"

우리나라의
유명한 바닷길

육지(또는 섬)와 가까이 있는 섬 사이에 언덕과 같은 지형이
있어서 고조에는 바닷물에 잠겨 있지만 저조가 되면 길처럼
드러나는 현상을 바다갈라짐이라고 한다. 우리나라 서해안과
남해안의 여러 곳에서 바다갈라짐현상이 나타난다. 그중에 진
도와 모도 사이의 바다갈라짐은 길이가 약 2.7킬로미터, 폭이
10~40미터 정도로 국내에서는 규모가 가장 크다. 세계적으
로도 잘 알려진 진도의 바다갈라짐은 가을부터 다음해 봄까
지 대조 때에 주로 나타나고 있다. 특히 음력 3월 대사리 기
간에는 영등제가 열리는 등 많은 관광객들도 찾아온다.

일 년 중에서 바다갈라짐현상이 나타나는 날수와 바닷길이
드러나는 시간은 바닷길의 높이와 그 해역의 조차에 의해 결

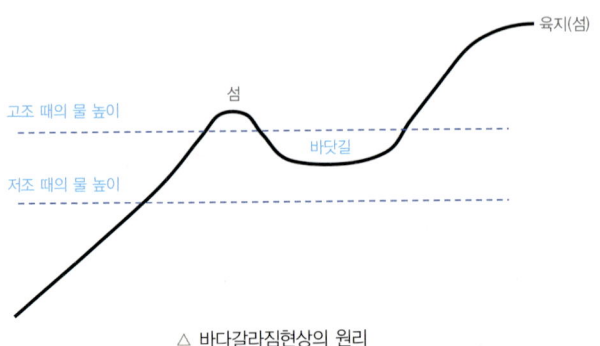

△ 바다갈라짐현상의 원리

△ 무창포의 바다갈라짐

정된다. 바다갈라짐현상은 육지(또는 섬)와 섬 사이에 연결된 바닷길의 높이가 고조 때의 바닷물 높이보다 낮고 저조 때의 바닷물 높이보다 높기 때문에 생기는 것이다. 이때 바닷길의 높이에 따라 바다갈라짐현상의 시기와 시간이 달라진다.

진도의 바닷길 높이는 102쪽 그림에서처럼 대사리 저조 때의 바닷물 높이의 근처이다. 그래서 조차가 상대적으로 큰 봄과 가을 사리 무렵과 평균적으로 바닷물의 높이가 낮은 겨울 무렵에 주로 바다갈라짐현상이 나타난다.

충남 보령의 무창포해수욕장과 바로 앞에 있는 무대도 사이에도 바다갈라짐현상이 나타난다. 무창포의 바닷길 높이는 그림에서처럼 사리 저조 때의 바닷물 높이보다는 높고 조금 저조 때의 바닷물 높이보다는 낮다. 그래서 사리 때에만 몇 차례 바닷길이 열리게 된다.

인천만에는 영화「실미도」로 잘 알려져 있는 실미도가 있는데, 이 섬은 근처의 무의도와 바닷길로 연결된 무인도이다.

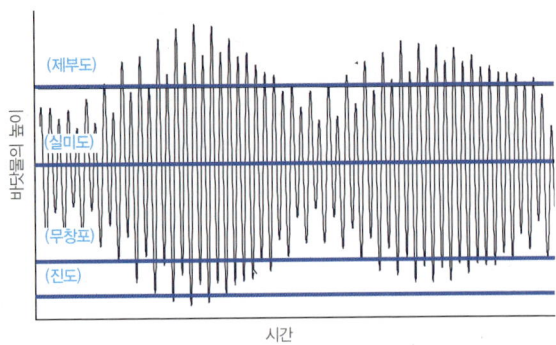

△ 바닷물 높이 변화와 바닷길의 높이

두 섬 사이의 바닷길 높이는 그림에서처럼 조금 고조 때의 바닷물 높이와 조금 저조 때의 바닷물 높이 사이이다. 그래서 실미도의 바다갈라짐현상은 매일 두 번씩 주기적으로 나타난다.

경기도 화성시와 제부도 사이에도 바다갈라짐이 나타난다. 제부도 바닷길의 높이는 그림에서처럼 조금 고조 때의 바닷물 높이보다 약간 높은 편이다. 그래서 제부도의 바다갈라짐은 매일 나타나며 조금 때에는 항상 바닷길이 열린다.

우리나라는 국립해양조사원에서 인터넷을 통해 여러 곳의 바다갈라짐현상이 나타나는 시간을 예보하고 있다. 위의 네 곳 외에도 여수시 사도, 제주도 서건도, 변산반도 고사포해수욕장, 서산시 웅도, 옹진군 소야도 등을 예보하고 있다. 실제로는 더 많은 섬에서 바다갈라짐현상이 나타나고 있지만 못보고 지나치는 경우도 많이 있다.

사람들은 조석을 어떻게 이용하나요?

염전, 독살 그리고 조석에너지

아침 일찍부터 이모는 멋있는 곳에 데려가 주겠다고 우리들의 외출 준비를 재촉하셨습니다. 차를 타고 한 시간쯤 달렸을까 눈앞에 물이 가득 차 있는 밭이 나타났습니다.

"와아. 형, 밭에 물이 차 있어. 어, 이모 왜 사람들이 물을 끌어당기고 있지요?"

"저건 그냥 물이 아니라 바닷물이란다. 소금을 만드는 거지."

"염전이군요."

"바닷물로 소금을 만드는 것은 알고 있었지만, 저렇게 바닥에 깔아 놓고 만드는 거예요?"

넓게 펼쳐진 염전에서는 사람들이 열심히 바닷물을 끌

△ 곰소 염전과 소금창고

어들이고 있고, 다른 한쪽에서는 소금을 모으고 있었습니다. 줄줄이 이어선 소금창고에는 소금들이 가득가득 쌓여 있었습니다. 생전 처음 본 염전의 모습이 책에서 본 것과 다른 느낌이라 정우는 사뭇 진지해졌습니다.

"흔한 소금을 저렇게 힘들게 만드시는 줄 몰랐어요."

"그래. 요즘에야 소금이 공장에서 대규모로 정제되기 때문에 흔하지만, 옛날에는 아주 귀한 자원이었단다. 바닷물 1킬로그램을 증발시켜야 약 30그램의 소금을 얻을 수 있으니 얼마나 귀한 것이었겠니?"

"네. 직접 보니까 알 것 같아요. 그런데 염전은 왜 서해안에만 있나요? 동해에 염전이 있다는 말은 들어본 적이 없는 것 같아요?"

"그렇지. 염전은 넓고 평평한 지형에 만들어서 바닷물을 가두고 바람과 햇볕으로 말려서 소금을 얻는 거잖아. 그러니까 지형적으로 조차가 크고 경사가 완만한 서해안의 갯벌이 염전을 만들기에 적당하단다. 보통 염전은 갯벌의 위쪽에 만드는데 이것은 바닷물을 끌어들이기 편리하게 하기 위해서란다. 고조 때에 바다와 염전 사이의 물길을 열어 놓으면 바닷물이 염전으로 흘러들어오고 저조 때가 되면 물길을 막아서 가두는 것이지."

"어, 자연스럽게 조석을 이용하는 것이네요."

"우리 조상들은 자연현상을 자연스럽게 생활에 이용하는 경우는 많았단다."

"그럼, 조석을 이용해 물고기를 잡기도 했나요?"

"오래 전부터 사람들은 조석을 이용해 고기 잡는 방법을 사용해 냈단다. 한 예가 '독살'이란 거야."

"독살? 독극물로 고기를 잡나요?"

"호호, 조석을 이용한다고 했거든요. 경사진 해안의 아래쪽과 옆에 돌을 쌓아 담을 쌓아 놓으면 밀물 때 따라 들어왔

△ 독살의 원리

△ 독살과 독살에서의 고기잡이

던 물고기들이 썰물 때는 담 때문에 길을 잃어 빠져나가지 못하고 돌담 안에 갇히게 되는 원리란다.

지금도 태안반도와 제주도 일부 지역에 100여 개가 남아 있지만 완전하게 유지되고 있는 곳은 많지 않은 형편이란다. 독살은 돌로 쌓았다고 하여 석방렴石防簾이라고도 하는데, 비슷한 원리로 대나무를 엮어 벽을 만드는 죽방렴竹防簾도 있어."

"알아요, 죽방멸치!"

"호호, 죽방멸치가 유명하기는 한데 멸치만 잡는 건 아니란다."

106

조류발전과
조력발전

현대에는 과학기술의 발전으로 조석을 좀 더 적극적으로 이용하고 있다. 그 대표적 예가 조석에너지를 이용해 전기를 생산하는 조류발전과 조력발전이다. 조석에너지를 이용하는 발전방법은 화석연료를 사용하지 않기 때문에 지구온난화의 주범으로 꼽히는 이산화탄소가 발생하지 않아 최근 더욱 주목을 받고 있다.

조류발전은 풍력발전과 원리가 비슷하다. 풍력발전이 강한 바람으로 풍차를 돌려 전기를 만들듯이, 조류가 아주 강한 해역에 수차를 설치해서 전기를 생산하는 것이 조류발전이다.

우리나라에서는 조류발전을 하기에 가장 좋은 곳으로 진도와 육지 사이에 있는 명량수로를 꼽고 있다. 명량수로는 울돌목이라고도 하는데, 임진왜란 때 이순신 장군의 명량대첩이 벌어졌던 곳으로도 유명하다. 명량수로 주변의 대조차는 3미터 정도로 서해안에 비해서는 그리 크지 않지만, 조류의 최고 속도는 초속 5.5미터 정도로 우리나라에서는 가장 강한 곳이다. 명량대첩은 이순신 장군이 이곳의 강한 조류를 전투에 이용하는 탁월한 지략 덕분에 승리할 수 있었던 해전사에도 길이 남을 해전 중의 하나이다. 400여 년이 지난 지금 울돌목에는 조류발전소가 건설되어 전기를 생산하고 있다.

조류발전은 적합한 장소가 많지 않고 건설하기가 까다로운

△ 울돌목 조류발전소 조감도

반면 장점이 많다. 수력발전이나 조력발전처럼 댐을 만들지 않기 때문에 비교적 건설비가 적게 들고, 물길을 막지 않아 해양환경에도 큰 피해를 주지 않는다.

조차가 큰 해안에서는 조력발전소를 건설하여 발전을 할 수 있다. 보통은 바다에 연결된 강이나 만의 좁은 입구에 방조제를 쌓아 바닷물을 가둘 수 있는 커다란 저수지를 만든다. 방조제에는 수차와 수문을 설치한다. 창조 때 수문을 열어 저수지 안으로 바닷물이 들어오게 한다. 고조가 지나 저수지 안에 물이 최대로 차오르면 수문을 닫아 물이 빠져 나가지 못하게 하고 잠시 기다린다. 시간이 지나면 바다 쪽은 낙조 때가 되어 조위가 점차 낮아져서 저수지 안과 밖의 물 높이차가 커지게 된다. 이때, 수차가 설치된 수로를 열어 두면 수로를 지나는 강한 바닷물의 흐름이 수차를 돌려 전기를 생산하게 된다. 이것을 낙조 때에 발전하는 방법이라 하여 '낙조식 발전'이라 한다. 반대로 창조 동안 바다에서 저수지 안으로 들어오는 흐름으로 발전을 하는 '창조식 발전'과 두 흐름을 모두 이용하는 '복류식 발전'이 있다.

세계 최초의 상업용 조력발전소는 1966년에 준공된 프랑스의 랑스 조력발전소이다. 이후 러시아의 키슬라야 구바 조력발전소, 캐나다의 아나폴리스 조력발전소, 중국의 지앙시아 조력발전소가 시험용으로 건설되었다.

△ 시화호 조력발전소 조감도

우리나라에서는 조차가 큰 서해안의 경기만, 가로림만 등이 조력발전에 적합한 것으로 알려졌는데, 실제로는 2011년 7월 준공 예정으로 시화호에 조력발전소가 건설되고 있다. 시화호 조력발전소는 10개의 수차에서 총 25만 4000킬로와트^{KW}의 발전 용량을 가진 창조식 발전소로, 연간 5억 5270만 킬로와트아워^{KWh}의 전력을 생산할 수 있도록 설계되어 있다. 이는 세계 최대 규모의 발전 용량이다.

이모가 설명해 주시는 조력발전에 관한 이야기를 듣고 있으니까 정우는 아주 좋은 생각이 떠올랐습니다. 요즈음 학교에서 지구를 지키기 위해 석유나 석탄 같은 화석연료의 사용을 줄여야 한다는 내용을 배웠던 것이 떠올랐던 것입니다.

"이모, 우리나라 서해안은 조차가 크니까 조력발전소를 아주 많이 만들면 좋겠네요. 지구온난화현상도 예방하고 전기도 생산할 수 있을 테니 말이에요."

"정우가 지구를 지키기 위해 좋은 생각을 했구나. 하지만 조력발전소를 짓는 것이 항상 좋은 것만은 아니란다."

"왜요?"

"왜냐하면 조력발전소를 짓기 위해서는 방조제를 쌓아야 하는데 이러면 바닷물의 흐름을 약하게 만들기 때문에 해양환경에 좋지 않은 영향을 줄 수도 있기 때문이지."

"아까는 해양환경에 큰 피해를 주지 않는다고 말씀하셨는데……."

"다른 발전소 건설에 비해 상대적으로 그렇다는 것이지. 사실 우리나라 서해안에서의 조석은 해양환경을 건강하게 유지하는 데 아주 중요한 역할을 한단다."

"조석이 환경을 보호하기도 해요?"

"그럼. 보통 육지에서 발생하는 여러 가지 물질과 퇴적물이 강이나 하천을 통해 바다로 흘러들어 오잖아. 조류는 이들 물질들을 바닷물에 잘 섞어 희석시켜서 먼 바다로 옮겨 준단다. 이는 너무 많은 물질들이 바닷가에 쌓여서 생길 수 있는 바다의 오염을 막는 역할을 하는 것이지."

"바닷가의 퇴적물이나 오염물질을 흩뜨려서 오염을 막는 거군요."

"육지에서 바다로 흘러들어온 물질이 전부 오염물질은 아니야. 육지에서 흘러들어온 물질 중 유기물질은 갯벌이나 바닷물 속에서 분해되어 사람들의 먹을거리가 되는 바다생물에 영양분을 제공하기도 하잖니."

"이모, 퇴적물은 원래 강이나 하천의 하구에 쌓이는 것이잖아요. 그렇다면 조석과는 상관없는 것 아닌가요?"

"육지에서 내려온 모래와 흙은 하구에 쌓이기도 하지만 조류와 파도에 의해 끊임없이 이동을 하게 된단다. 혈액이 우리 몸에서 영양분과 산소를 끊임없이 운반하는 것처럼 조석은 바다 속의 물질들이 끊임없이 순환하도록 도와주는 것이지."

"그럼 방조제가 그 순환을 막을 수도 있겠군요."

"그래서 환경이야기를 꺼낸 거란다. 방조제는 조석과
조류를 막아 육지나 호수를 만들기 위해 건설된다고 했잖
니. 물론 방조제를 건설함으로써 생기는 육지와 호수를 유
용하게 이용할 수도 있지만, 바다의 보고인 갯벌이 없어지
는 등의 많은 부작용도 생길 수 있단다."

"육지와 바다의 자연스러운 연결을 막으니까 바다환경
에 피해를 끼칠 수 있겠어요."

"그래. 조류의 자연스러운 흐름에 방해가 생기니까 어
떤 경우에는 방조제 안의 호수에 육지로부터 흘러든 물질
들이 쌓여 오염될 수도 있을 것이고, 방조제 밖의 바다는
조류가 약해지고 육지와의 연결이 끊겨 물질의 순환이 약
해질 수 있는 거란다. 더 큰 문제는 방조제 건설로 변화된
해양환경이 다시 균형을 찾기까지 오랜 시간이 걸릴 수 있
다는 것이지. 어쩌면 다시 건강한 환경으로 돌아오지 않을
수도 있고."

"그럼 바다가 아파하잖아요."

"신우 마음이 많이 상한 모양이구나. 아까 정우가 하구

이야기를 꺼냈었잖니. 그 하구에 둑을 쌓아 바닷물이 강으로 역류하는 것을 막기 위해 건설한 하구둑도 육지와 바다의 연결을 막기 때문에 이와 비슷한 피해를 바다에 끼치게 된단다."

"하구둑도요? 그건 강물을 농업이나 공업용 용수로 이용하기 위해 만든 유익한 댐 아닌가요?"

"조력발전소도 유용하게 활용하기 위해 만드는 것이잖니. 이쯤해서 사람들이 무엇인가 이익을 얻기 위해 자연을 개발할 때에는 환경의 파괴가 뒤따른다는 사실에 관심을 갖고 이를 줄여야 할 때라는 것을 말하고 싶은 거야. 우리와 우리 후손을 위해서 말이야."

"결국 환경을 생각한다면 바닷가의 방조제나 하구둑 같은 것은 될 수 있는 대로 만들지 않는 것이 좋겠군요."

"그렇지. 꼭 필요해서 바닷가에 방조제를 짓게 되는 경우에도 자연이 입을 부작용을 최소화하도록 신중하게 결정해야 하고."

"참 어려운 문제네요. 생활의 편리를 위한 개발이냐, 우리와 우리 후손들이 살아야 할 자연환경을 지키느냐."

"형평을 잘 따져야 하는 것이지."

조력발전소를 건설하면 조석이 없어지지는 않지만 자연 상태일 때보다는 조차가 줄고, 수차와 수문 주변을 제외한 다른 곳에서는 조류도 약해진다. 결과적으로 해양환경에 좋지 않은 영향을 미칠 수 있다. 그런데 시화호의 경우는 앞의 설명과는 조금 다르게 해양환경을 개선하기 위해 조력발전소를 건설하고 있다.

인근의 공단과 농지에 용수를 공급하기 위한 호수를 만들기 위해 1994년에 시화방조제를 완공했다. 하지만 방조제가 완공되어 바닷물의 흐름이 막히자 안쪽 호수가 아주 빠르게 오염되기 시작했다. 그래서 시화호의 오염을 막기 위해 다시 바닷물을 소통시키기로 결정했다. 방조제 끝에 설치된 갑문을 열어 바닷물을 소통시키자 점차 수질은 개선되기 시작했다. 그러나 방조제에 이미 설치된 갑문은 시화호의 한쪽 끝에 치우쳐 있을 뿐더러 폭이 좁아서 충분한 양의 바닷물을 소통시키기에는 한계가 있었다. 결국 바닷물의 소통을 좀 더 늘리기 위해 방조제 중간 가까이에 수문을 만들기로 하였는데 여기에 조력발전소를 건설하기로 결정한 것이다. 시화호 조력발전소는 시화호 안팎의 바닷물을 소통시켜 시화호 내부의 수질을 개선하는 동시에, 전력을 생산하는 일석이조의 효과를 기대하며 건설되고 있다.

조석에 관련된 몇 가지 이야기들

외갓집에서 신나게 놀다 집으로 돌아온 정우와 신우는 인
터넷과 책을 통해 조석에 관련된 몇 가지 이야기를 찾아냈
습니다. 조석현상은 단순히 바닷물의 수면 높이를 오르내
리게 하는 것 외에도 여러 가지 현상과 관련이 있다는 것을
알 수 있었습니다. 정우는 집으로 돌아와 공부한 내용과
이모께 들었던 이야기들을 잊어버리기 전에 신우와 함께
정리 해보기로 했습니다.

바다 이외의 조석

조석현상은 바다에서만 나타나는 것이 아닙니다. 바다와 연결되어 있는 강의 상류까지 바다의 조석파가 전달됩니다. 경사가 완만한 강에서는 상류 수백 킬로미터까지 영향을 주기도 합니다. 바다와 가까운 강의 하류에서는 바닷물이 강바닥을 따라 강으로 역류하는 경우도 있습니다. 이렇게 조석의 영향을 많이 받는 하천을 감조하천이라고 합니다. 때에 따라서 조차가 큰 해역에 연결되어 있는 강에서는 조석보어가 발생하기도 합니다. 조석보어는 밀물 때에 조석파가 거의 수직의 벽을 이루며 상류로 진행하는 것으로, 조류도 아주 빠른 속도로 함께 진행합니다. 외할아버지께서 태조 이성계 이야기를 해 주실 때 말씀하신 중국의 항주만으로 흘러드는 전당강의 조석보어가 특히 유명합니다.

기조력은 바닷물뿐만 아니라 지구의 모든 물질에 작용한다고 합니다. 컵이나 욕조에 담긴 물에도 조석이 있을 수 있는데, 크기가 너무 작아서 사람들이 잘 느끼지 못할 뿐입니다. 아주 큰 호수나 강에서는 약하기는 하지만 조석을 느낄 수도 있습니다. 단단해 보이는 지구에도 기조력이 작용하고 있습니다. 실제로 지구 표면은 달이나 태양의 방

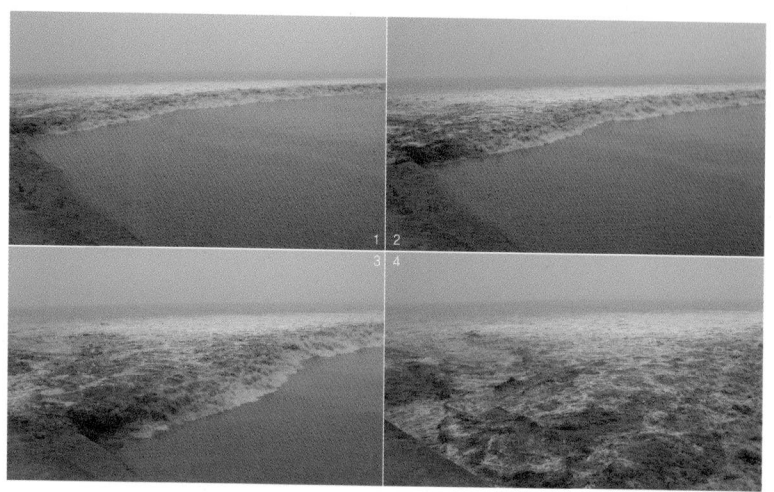

△ 밀물이 거의 벽을 이루어 하류에서 상류로 진행하고 있는 중국 전당강의 조석보어

향으로 부풀어 오르는데 매일 수십 센티미터 정도 오르내린다고 합니다. 지구를 감싸고 있는 대기도 예외가 아니어서 조석현상은 나타나지만, 바다에서처럼 뚜렷하게 감지되지는 않습니다.

아주 오래 전부터 우리 조상들은 보름달을 바라보며 달 속에서 계수나무와 그 아래에 떡방아를 찧고 있는 토끼의 모습을 떠올렸습니다. 그 달의 모습은 몇 천 년 전이나 지금이나 똑같은 모습입니다. 달은 지구를 공전하고 있음에도 항상 같은 모습을 보이는 것은 달의 공전주기와 자전주기가 정확하게 같기 때문이라고 합니다. 이것은 우연이라 생각하기에는 좀 특별한 면이 있습니다. 달의 공전주기와 자전주기가 일치하는 이유는 지구가 달에 끼치는 조석효과 때문입니다. 천체 사이에 작용하는 기조력은 서로의 자전 속도를 느려지게 하는 효과가 있다고 합니다. 달이 처음 생겼을 때는 지금보다 더 빠르게 자전을 했었지만, 점점 자전속도가 느려져서 지금은 공전주기와 같아졌습니다.

마찬가지로 달의 기조력은 지구의 자전을 느려지게 합니다. 기조력에 의하여 달과 달의 반대방향으로 부풀어진 바닷물의 높이에 변화가 생깁니다. 그러나 바닷물 아래에 있는 고체인 지구는 자전을 하고 있어서 바닷물과 지구의 표면 사이에 마찰이 생기게 됩니다. 이것을 조석마찰이라 하는데 엄청난 양의 에너지가 소모된다고 합니다. 실제로

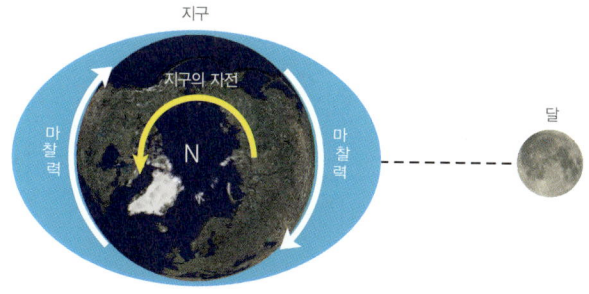

△ 지구 자전과 조석마찰

바다에서 조류의 세기를 이용하여 마찰에 의한 에너지를 계산할 수 있는데, 대략적으로 계산을 해 보면 이 에너지는 1,500만 개의 백열전구를 밝힐 수 있는 정도의 양이라고 합니다.

조석으로 바다에서 손실되는 에너지가 지구의 자전을 느리게 합니다. 실제로 여러 가지 연구를 통해 지구의 자전속도가 느려져 하루가 1초 길어지는 데 4~6만 년 정도 걸린다는 사실이 밝혀졌습니다. 지구의 자전을 느려지게 하는 힘은 이와 동시에 달이 지구로부터 멀어지게도 합니다. 지구와 달의 거리에 비하면 아주 미미하지만 달은 1년에 약 4센티미터씩 지구로부터 멀어진다고 합니다.

해도와 지도

육지에서 어느 위치를 찾아가기 위해서는 보통 지도를 찾아보게 됩니다. 지도를 잘 보면 그 위치의 높이가 표시되어 있습니다. 그리고 등산할 때 높은 산을 오르다 보면 중간중간에 '해발고도' 몇 미터라는 표시를 본 적이 있을 것입니다. 그렇다면 그 높이는 어디에서부터의 높이일까요?

해발고도는 '바다로부터의 높이'라는 뜻입니다. 바닷물의 높이는 조석 때문에 수시로 변합니다. 그래서 오랜 시간 바닷물의 높이를 관측해서 그 평균이 되는 높이를 찾아내어 그것을 육지의 높이를 나타내는 기준으로 삼았습니다. 이것을 평균해면이라고 합니다. 평균해면은 어느 곳이나 다 같지 않으므로 특정한 곳을 기준으로 삼습니다. 우리나라는 인천항의 평균해면이 육상 높이의 기준입니다. 그렇다고 어느 위치의 높이를 측정해야 할 때마다 매번 인천항에 가서 평균해면을 측정해야 하는 것은 아닙니다. 오래 전에 인천항의 평균해면을 측정해서 이 평균해면과의 높이차를 정확히 알 수 있는 위치에 기준점을 만들어 놓았기 때문입니다. 이것을 우리나라의 수준원점이라고 합니다.

대한민국의 수준원점은 인천광역시 용현동 인하공업전

문대학 안에 있습니다. 수준원점으로부터 다시 높이 차이를 측정해서 우리나라 전역에 또 다른 기준점들을 설치해 놓았는데 이것은 수준점이라고 합니다. 우리나라에서는 국립해양조사원과 국립지리정보원에서 수준원점과 수준점들의 표고와 위치를 관리하고 있습니다. 어떤 것의 기준이라는 뜻으로 일반적으로 사용하고 있는 벤치마크Bench Mark는 원래 수준점이라는 뜻입니다.

육지에 지도가 있다면 바다에는 해도가 있습니다. 바다에서는 어느 위치를 찾아갈 때 해도를 이용합니다. 해도에는 바닷물의 깊이^{수심}가 표시되어 있는데 해도에서 가장 중요한 정보 중의 하나입니다. 특히 배들이 항해할 때에 사용하는 항해도에는 물속에 잠겨 보이지 않는 암

△ 대한민국 수준원점의 위 전경과 가운데 내부의 기준면 표시 아래 수준점

초가 표시되어 있을 뿐 아니라 배가 지나갈 수 없을 만큼 깊이가 얕은 위치도 표시되어 있습니다.

그렇다면 해도에 나오는 수심은 어떤 높이를 기준으로 삼았을까요? 해도에서의 높이 기준은 나라마다 조금씩 다른데 우리나라에서는 약최저저조면을 기준으로 합니다. 약최저저조면은 대조의 저조 때 높이에서 일조부등으로 낮아질 수 있는 높이를 빼서 바닷물이 매우 낮아졌을 때의 높이입니다. 학술적으로 정확하게 표현하면 평균해면에서 일반적으로 진폭이 가장 큰 4개 분조의 진폭의 합만큼 더 내려간 높이입니다. 실제로 바닷물의 높이가 이보다 더 낮아질 수도 있지만 그리 많지는 않습니다.

그런데 해역마다 조차가 다르기 때문에 약최저저조면도 달라집니다. 해도에 나오는 수심은 가장 가까운 조위관측소의 조석 관측 결과를 분석해서 계산한 기준면을 사용하게 됩니다. 그래서 해도마다 표시되어 있는 수심들은 그 값이 같더라도 평균해면으로부터의 깊이는 조금씩 차이가 있습니다. 예를 들어 부산의 해도에 10미터라고 표시된 곳과 인천의 해도에 10미터라고 표시된 곳의 깊이를 비교하면 실제로는 인천 쪽이 약 4미터 정도 더 깊다는 뜻입니다.

조석과 해일

바다에서 사람을 위협하는 가장 큰 위험은 아주 강한 바람과 파도를 동반한 태풍 그리고 그로 인한 해일입니다. 태풍은 열대지방에서 데워진 바닷물로부터 에너지를 받아 발생하게 됩니다. 태풍이 지날 때면 강한 바람이 불고 비가 많이 내려 집이 부서지거나 홍수 등의 피해가 발생합니다.

해일이 발생하는 원인은 여러 가지입니다. 바닷속에서 지진이 발생하거나 혹은 화산이 폭발하면 매우 크고 높은 파도가 생겨 바닷가에 있는 모든 것을 한꺼번에 삼켜 버립니다. 이것을 지진해일 또는 쓰나미라고 합니다. 태풍이나 폭풍이 불 때도 해일은 생깁니다. 이런 것을 폭풍해일이라고 합니다. 쓰나미는 경우에 따라 엄청나게 큰 파도를 발생시키기 때문에 그 자체로도 매우 위험합니다. 거의 재앙에 가깝습니다. 폭풍해일도 고조 시기와 겹치면 바닷물이 육지로 넘쳐 들어와 큰 재앙을 불러일으키기도 합니다.

옛날에도 바닷가에 살던 사람들이 고조 때에 해일이 닥쳐 큰 피해를 입었던 경우가 많습니다. 조선시대 왕들의 이야기를 담은 『조선왕조실록』에 의하면 쓰나미와 관련된 많은 기록들이 있습니다.

영조 17년(1741) 7월 19일

강원도의 평해平海 등 아홉 고을에 바닷물이 줄어들어 육지와 같이 편편해졌다가 얼마 후에 물이 육지로 넘쳐 들어 하루에 번번이 7, 8차례나 넘어드니 바닷가의 인가人家가 많이 표몰漂沒, 물 위를 떠돌아다니다 가라앉음되었고 주즙舟楫, 배와 삿대이 파손되었다.

이것은 아주 전형적인 쓰나미의 특징을 보여 주는 기록입니다. 쓰나미의 높은 마루 바로 앞에는 낮은 골이 먼저 오기 때문에 해일이 범람하기 전에 바닷물은 낮아집니다. 그리고 해일의 마루가 하나만 오는 것이 아니어서 여러 차례 범람이 일어납니다. 쓰나미는 아주 큰 에너지를 가지고 있어서 바닷가의 집을 부수고 배들을 파손할 수 있는 위력을 지니고 있습니다. 다음은 『조선왕조실록』에 나오는 폭풍해일에 관한 기록입니다.

정조 14년(1790년) 7월 10일

경기 관찰사 김사목이 장계하기를, "교동·부평·김포·인천·안산·통진·풍덕·영종 등 8개 고을과 진은 이달 17일 조수가 불어났을 때 동풍이 갑자기 불며 파도가 높이 밀려오는 통에 바닷가의 제방이 충격을 받아 파손되지 않은 곳이 없으며, 짠물이 넘쳐서 모든 곡식이 피해를 입었습니다. (중략) 이번에 일어난 해일은 근래에 없었던 일로서 백성들의 사정을 생각하면 실로 참혹하기 그지없습니다. 무너지고 깔린 민가의 구제는 곡물과 달풀로 구별하여 주어서 안정을 되찾게 하고, 무너진 제방과 침몰된 소금가마^{염전}는 물이 빠지는 대로 고쳐 쌓도록 특별히 엄하게 지시하였습니다." 하니, (왕이) 전교하기를, "교동 수사의 장계로 인하여 금방 글을 만들어 하교하였는데, 부근 고을의 무너진 소금가마와 교동의 기본조세는 감사와 의논하여 즉시 탕감하여 턱없이 세를 징수하는 일이 없도록 하고, 돌보아 구제하는 것도 또한 교동의 전례대로 하라." 하였다.

아마도 고조 때 폭풍해일이 겹쳐 경기도 일대의 바닷가 고을들이 큰 피해를 입었던 모양입니다. 『조선왕조실록』에는 이 외에도 폭풍해일에 관한 기사가 수십 차례 기록되어 있습니다. 이런 피해는 국가적 재앙이었기에 임금님께

보고하고 임금님은 백성들을 돕도록 지시했던 것입니다.

세계적으로도 폭풍해일은 엄청난 재앙입니다. 유럽의 경우 1953년의 북해 대범람이 잘 알려져 있습니다. 사리^{대조} 때였던 1953년 1월 31일부터 2월 1일 사이 북해에 강한 폭풍으로 거대한 폭풍해일이 발생했습니다. 지역적으로는 최대 5미터 이상의 해일이 발생했는데, 가장 피해가 컸던 나라는 국토의 대부분이 해수면보다 낮은 네덜란드였습니다. 고조 때에 닥친 해일로 바닷물이 제방을 넘어 육지로 밀려들었습니다. 네덜란드에서만 1,835명이 목숨을 잃었는데, 주로 제방이 무너진 젤란트^{Zeeland} 지방에서 피해를 당했습니다. 북해와 접해 있는 영국, 벨기에, 덴마크, 프랑스에서도 수백 명의 사람들이 목숨을 잃었습니다. 바다에서는 유람선이 전복되고 많은 어선들이 침몰되는 피해를 입었습니다. 이 사건이 일어난 후에 네덜란드는 대조 때 해일이 발생해도 피해를 막을 수 있도록 대규모 제방을 건설했습니다. 최근에는 해일의 에너지가 제방에 도달하기 전에 약해지도록 제방 밖의 경사가 완만한 조간대를 이루도록 여러 가지 일들을 하고 있습니다.

사진에 도움을 주신 분들

_강석구(한국해양과학기술원) 울돌목 조류발전소 조감도(108쪽)

_곽유석(국립해양유물전시관) 독살과 독살에서의 고기잡이(106쪽)

_김태동(국립해양조사원) 목포와 통영의 조위관측소(79쪽)

_송규민 조석달력, 조류관측장비(75, 84쪽)

_심진경(인하대학교) 수준원점, 수준점(121쪽)

_유주형(한국해양과학기술원) 경기만 주변 인공위성(43쪽)

_이상구(한국수자원공사) 시화호 조력발전소 조감도(109쪽)

_이정윤 곰소염전과 소금창고(104쪽)

_최상화(한국해양과학기술원) 조석보어(117쪽)

_홍창수(한국해양과학기술원) 조류관측장비들(83쪽)

참고문헌

구만옥,「조선 후기 조석설과 동해무조석론」,『동방학지, 111권』, 2001.

김충섭,『로슈가 들려주는 조석이야기』, (주)자음과 모음, 2005.

바다의 이야기 편집그룹/이광우, 손영수 옮김,『바다의 세계 3』, 전파과
     학사, 1988.

이순신/이민수 옮김,『난중일기』, 범우사, 1984.

장선덕 외,『연안해양학』, 시그마프레스, 1999.

톰 개리슨/이상룡 외 옮김, 『해양학(원제: Oceanography - An invitation to
　　marine science)』, 시그마프레스, 2002.

한국해양연구원, 『연안개발 _ 해양과학총서 6』, 2001.

한국해양연구원, 『한반도 주변 조석조화상수 자료집』, 1996.

해양수산부, 전승수 편집, 『우리나라 갯벌 _ 자연생태의 특성』, 시그마프
　　레스, 2005.

홍재상, 『한국의 갯벌』, 대원사, 1998.

Clancy, E. P., 『The Tides _ pulse of the earth』, Anchor Books,
　　New York, 1969.

인터넷 웹사이트

갯벌정보시스템 http://www.tidalflat.go.kr

국립해양조사원 http://www.nori.go.kr

국립지리정보원 http://www.ngi.go.kr

조선왕조실록 http://sillok.history.go.kr

한국해양과학기술원 http://www.kiost.ac

WIKIPEDIA사전 http://en.wikipedia.org/wiki/Tide